金塊文化

 金塊文化

滾床單的性福秘密

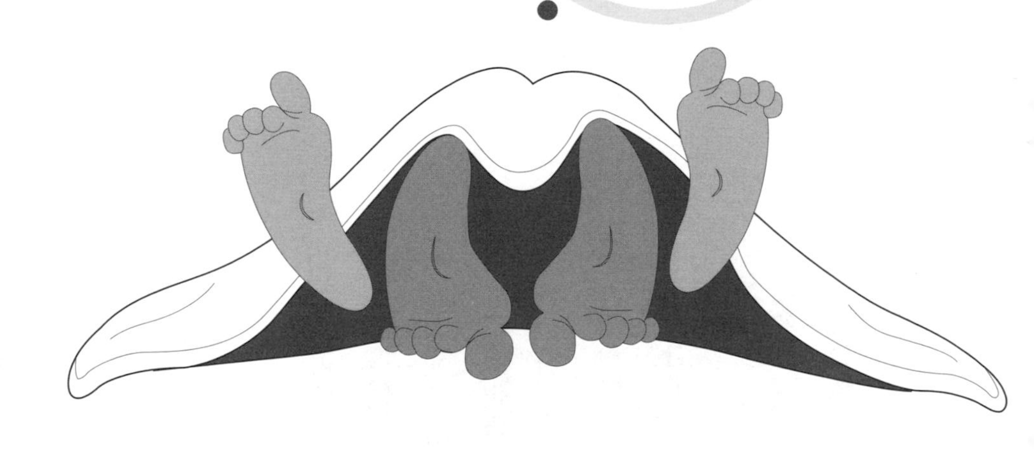

呂政達◎策劃　梁曼◎著

推薦序

以往，「性」是禁忌，只做不談；而現在，關於性的圖片及影像充斥於平面及立體的大眾媒體中，有關「性」的討論也存在於書籍或網站上，而「性教育」、「性諮商」、「性診療」等專業名詞也經常出現在報章雜誌上，但肯開口說性或對性有正確了解的人卻少之又少。大部分人還是被性的舊框框套住，性行為照樣有，小孩一樣生出來，卻因缺乏正確的知識與觀念，使得性愛關係上會有誤解及衝突，易造成挫折感及關係危機。

身為性諮商師，並教授「性諮商與心理治療」課程，我發現了《滾床單的性福秘密》是一本好書，越讀越使人入迷，愛不釋手。很高興市面上終於有了這本可愛、可讀、可思、可談又可行的性書。它是一本結合性學研究及生活應用，有理論依據、有生活反映的好書，細說性學的基本歷程，教導男女最關心的維持勃起功能及獲得高潮，強調性愛姿勢的存在必要與強身治病，並解釋男女性功能障礙的原因與療法。

自性學研究的觀點而言，作者廣讀學術文獻，介紹西方歷代性學大師、整理研究報告、提出理論，並以實驗佐證，治學態度嚴謹，但文筆卻是深入淺出，詼諧有趣，一讀就上癮。更為驚艷的是，作者研讀道學，將道家的性愛觀以性愛歷程、陰陽調和、內高潮術、同性戀與自慰、還經補腦及男性施精論等，簡明扼要地呈現出來，其實是包含了歷史、文化、醫學、心理學、生理學及性學，原來我們老祖宗的性學研究是如此博大精深啊！

文化是社會的產物，性是人類生活的一部分，因而衍生了性文化。作者很有系統地講述性文化與全球趨勢，自古代的壯陽藥補說、性食觀，至今天的情趣用品，揭開人類（尤其是男性）為了展現性雄風，花了多少心血研究，發揮了無限創意，非常有趣。

我與本書企劃呂政達先生只有一面之緣，卻閱讀過他的文章書籍無數，非常欣賞他的個人風格。他對於事情的分析、人性的刻劃及心理描繪很深刻，其評論一針見血，而其筆調卻極柔軟，幽默活潑的文字帶有專業的嚴肅性。這是一本很特別的性書，看似學術性，卻很生活化。作者點出人們內心對性的期待及焦慮，以科學根據及社會文化來討論人類的性興趣、性行為及性功能，並傳達正確知識，破除常見的性迷思。

您有聽說過卵巢會呼吸嗎？有沒有讀過睪丸會呼吸一說？在論說高潮的篇章裡，作者結合西式呼吸法與中式氣功，明確地列出內部器官部位與實施步驟，教導「卵巢呼吸法」及「睪丸呼吸法」的練習，以維持心靈和生理的最佳狀態來獲得高潮，文筆生動有趣，很想馬上跟著做。而「控制射出入門七守則」則更令人捧腹又入迷，充分道出男性本色。

知而後行，這是一本知行合一的好書，我大力推薦給助人的專業人士閱讀，以為自身學習及實務應用之參考，我更強力推薦給愛讀書的朋友們，您可以自學自修，亦可與伴侶對談互練，以收知行合一之效，不論是個人或伴侶雙方，都能對性坦然，享受性愛之美好。

——林蕙瑛

（東吳大學心理系兼任副教授、性教育師、性諮商師、婚姻協談師認證、台灣婚姻與家庭輔導學會名譽理事長、婚姻性愛專欄作家）

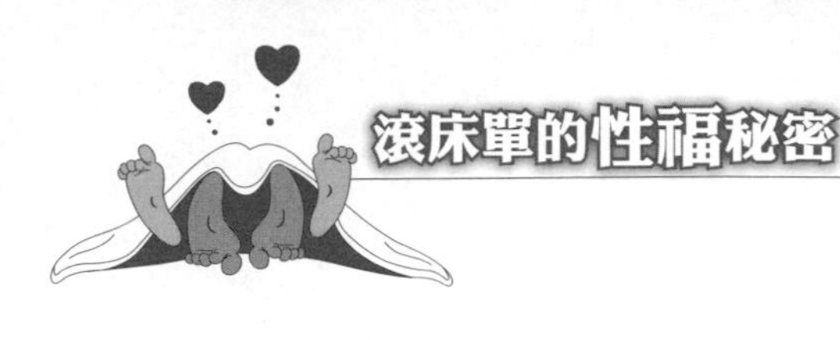

前言

梁曼，我親愛的阿尼姆斯

呂政達

我認識梁曼許多年了，我陪著她作夢、玩耍、做傻事，她做愛的時候，我也陪著她，我所做的事，就是和梁曼一起滾床單。如果你知道榮格，那讓我這樣說吧，梁曼就是我親愛的阿尼姆斯，我就是梁曼的阿尼馬。

一本關於性福秘密的書，究竟要由阿尼姆斯（男中之女）或者阿尼馬（女中之男）才足以勝任呢？滾床單，其實本來就是男中有女，女生的香氣混雜男生的汗珠，更快樂的接近性福和狂喜則是男女的混合體，所以我跟梁曼說，別再分什麼她是她，我是我了。

但是，跟梁曼合作了一本書後，我試著小小聲的問自己，我了解梁曼嗎？我願意讓梁曼瞭解我嗎？我看著梁曼，梁曼聳聳肩，對我露出了一個天真的笑容。

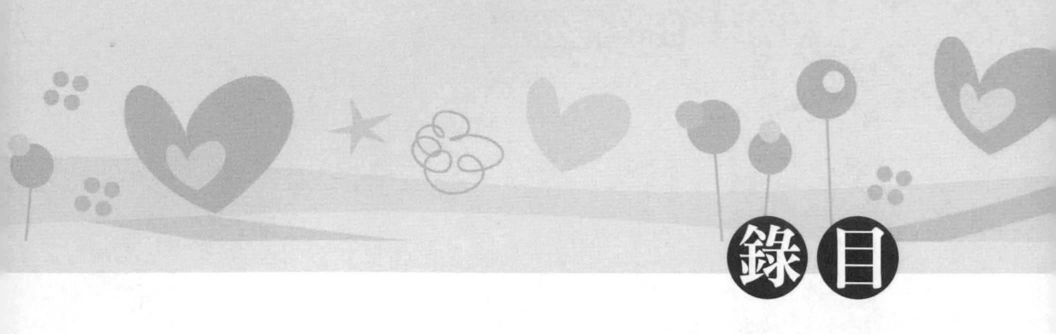

目錄

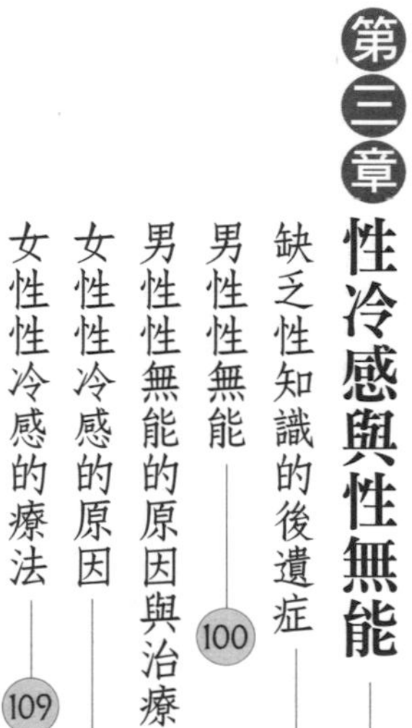

目錄

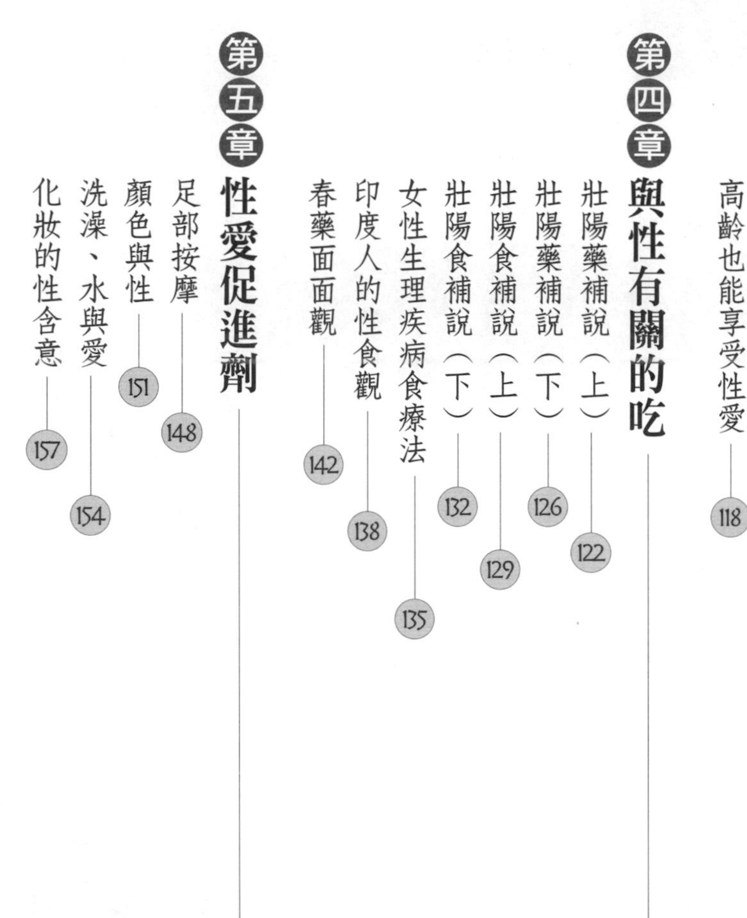

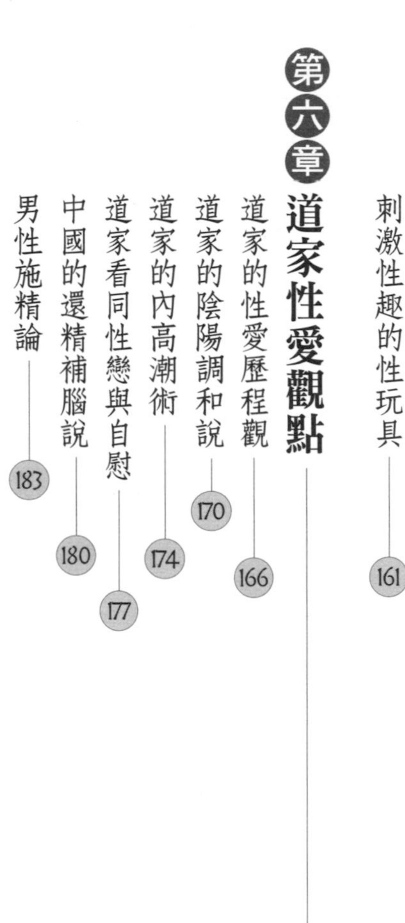

目錄

第八章 性學大師列傳

第一章 性愛基本歷程

性愛的四個階段

一九六〇年代的性學專家威廉・麥斯特和維琴尼亞・瓊森的一系列研究，首次將性交的過程分成「興奮」、「高原期」、「高潮」和「消退期」四個階段。

一九六〇年代的性學專家威廉・麥斯特（William Masters）和維琴尼亞・瓊森（Virginia E. Johnson）的一系列研究，為後世的性學研究者點亮一盞明燈。在《人類性反應》一書裡，他們首次將性交的過程分成「興奮」、「高原期」、「高潮」和「消退期」四個階段，而這四個階段最主要的功能，就是讓陰莖和陰道都能達到最佳狀態，充分地接受或進入對方的身體裡，此時陰莖也已飽滿著精子，準備在最適當的時刻射出。「消退期」時，陰莖和陰道同時收縮，要不要爬起床來抽煙、淋浴、看電

視、聽CD，自隨客便。

感謝麥斯特和瓊森的研究報告，從此我們就能像在實驗室觀察白老鼠那樣，把「性愛」分割成明顯的段落，然後加以觀察。不過我懷疑從事「性愛」的當事人，是不是能夠一面喘著氣做愛，一面還默誦著這四個階段，那可能是天底下最無聊的一件事了。但聽說十八世紀理性主義時代，有不少學究秉持理性原則，把做愛當成科學實驗，或是引發文學靈感的過程，還要精確計算時間，他們的女人無事可做，只好一面配合男人做愛，一面閱讀柏拉圖的著作。難怪十八世紀也是最多女人找情郎的時代。

下面，我將大略介紹「性愛」四個階段的男女生理變化：

1. 興奮期：男性陰莖勃起，陰囊脹大，但如果「興奮」超過五至十分鐘，陰莖便可能疲軟；突然傳來噪音或有讓當事人恐懼的事物出現時，都將破壞這場性亢奮的宴會。女性的陰道也將濕潤，陰蒂變厚、陰道壁也會因充血而變得較顯紫色，乳頭勃起而乳房脹大。

2. 高原期：陰莖龜頭部份將更為粗大，偶而會滴出幾滴黏液，陰囊還會再脹大。女性部份，陰道的外圍三分之一部分將因充血而更為腫脹，使其口徑減半，形成一個

高潮平臺，同時陰唇部位也將由粉紅轉為紅色，生過孩子的婦女則由紅色變為深紅。

3.高潮：陰莖和睪丸及相鄰部位產生連串、規則的肌肉收縮，前面三或四次收縮的發生速率約為每〇．八秒一次，最後射出約二ＣＣ的精液。女性的高潮地帶（陰唇和高潮平台等）則以間距〇．八秒的速率，抽動三至十五次，子宮也會有收縮現象。

4.消退期：陰莖迅速縮退至「最大」時尺寸的二分之一，但要回到平常的尺寸，還需要一段時間。女性的陰蒂則要在陰道停止抽動後再過十秒才會回復正常，整個陰道的顏色、形狀須約十五分鐘才能恢復。麥斯特和瓊森則認為，子宮需要二十分鐘才能退燒，回到平常的位置。

高潮時女性生理反應圖

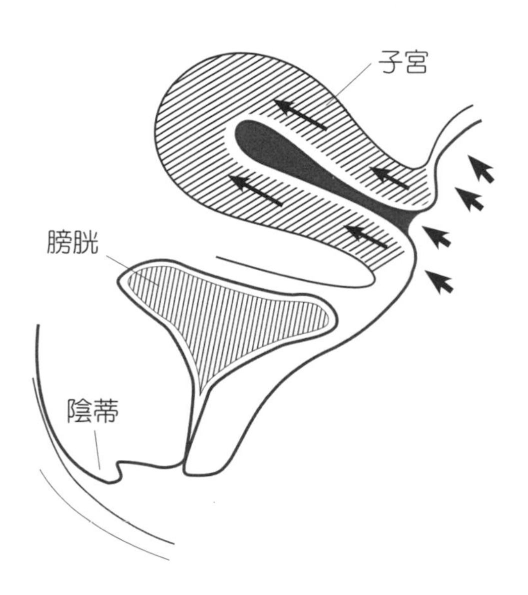

刺激與亢奮

性亢奮前當然要先有刺激，這種刺激也許可直攻皮膚裡的神經末梢，讓神經激起一陣陣輕微電擊般的酥麻感。

在男女做愛的過程裡，事前的氣氛和雙方對「追求性樂趣」這件事能夠維持激奮的狀態，一直是被相當強調著的。一些性愛手冊甚至為讀者列出公式，主張要維持性亢奮，先要如何如何，再要如何如何。但這些手冊卻未說明，即使性亢奮這種深閨密事還是存在很大的個人差距，那些按照書籍指示仍無法達到亢奮狀態的人，其實還不用就懷疑是寡人有疾，或是什麼落花有意，流水無情的。

性亢奮前當然要先有刺激，這種刺激也許可直攻皮膚裡的神經末梢，讓神經激起一陣陣輕微電擊般的酥麻感，酥酥的手摸過，就是一股酥酥的冷顫，難以抗拒，也不想抵禦；其中尤以生殖器官、肛門、肚臍附近的腹部及大腿最能感受手的攻勢，女性最有反應的部位是陰戶，而男性則屬龜頭下部；嘴唇、舌、眼、鼻、乳頭、胸部等都是性亢奮敏感的邊緣地帶。

除了手的溫柔攻勢外，根據我們的經驗知道，吻或只是對著敏感地帶噓氣，通常也已足夠引發激奮，讓生殖器官勃起。當然先前提到的個別差異依舊存在，有些人即使愛撫、親吻雙管齊下，也可能會毫無反應。但性學家也發現，如果規則性地撫摩身體的非敏感部位，當事人會將這種動作與性交產生聯想，間接製造亢奮的酥麻感。

與性有關的圖畫、影片、氣味或甚至只是一個「性」的念頭，也能引起性慾望。而某些春藥啟動的亢奮效果，和看黃色影片、色情書刊或是腦袋裡編織的性幻想相當類似，這股神經衝動先傳到腦裡，再由腦袋發出訊息給脊椎裡的神經，命令生殖器官武裝，準備作戰。「一吻定情」是一種說法，而在夫妻、熱戀情侶間，狀似淺酌的吻、深情的擁吻都是家常便飯了。一吻間，不僅嘴唇、舌頭運動，連頭蓋骨內的神經、脊椎、腎上腺、胰臟和骨盤的神經都有感應，大家一起來。

男性勃起是「性起」最明顯的特徵，就是陰莖豎起，但這個過程裡，也涉及陰莖裡的大動脈擴張，讓大量的血湧進陰莖的海綿層組織，促使陰莖膨脹，而原本擔負將血液運離陰莖的靜脈受到擠壓，使得動脈、靜脈的血全都留在陰莖裡。一連串陰部肌肉運動，也會使陰囊收縮、睪丸被擠向身體部位、龜頭多分泌黏液；同時間，呼吸加促、血流變快，也是經常可觀察到的身體變化。

女性勃起是達到高潮的前戲，雖然不若男性勃起那般容易觀察，但陰道兩側的陰核和陰蒂的海綿層組織也和男性一樣會充血，為高潮做先鋒；此外，陰戶裡的腺體也會釋出黏液滑潤陰道，等待男方的進入。

從前面的解釋看來，一場床榻的做愛自是男女的大事，動用全身的器官都來參加，連高高在上的大腦也責無旁貸，才能好好做一場愛。西方那些常讓我們莫測高深的哲學家說：做愛本身就是一種哲學。這句話，我們照例還是覺得莫測高深，但要是看過伍迪艾倫導演的「性愛奇譚」這部影片，看伍迪艾倫飾演的這顆精子，憂心忡忡地擔憂自己被噴射出去後的命運，我們至少可以體會，最常被掩蓋著的性事，也是一樁人生大事。對那顆精子而言，是全部的一輩子；對床榻上的當事人而言，是一個下午，或一個夜晚的好好投入。

高潮之一：麥斯特和瓊森的研究

他們用隱藏式攝影機記錄做愛過程，這時才開始蒐集到真實的高潮反應資料，開啟性學研究的大門。

雖然佛洛依德在二十世紀初，即已揭示性驅動力（sex drive）對於塑造人格的絕對性影響，其後又有金賽、麥斯特、瓊森等性學大師充當先鋒，然而，一種針對「性」的領域所做的嚴肅學術研究，在上世紀內仍然險阻重重。二十世紀內，人們一方面高談「性解放」和「自由戀愛」，另一方面又對「性學研究」表現出排斥的態度。現在我們視為常識的「高潮」理論，即使在半個世紀前還是步步充滿迷思——億億萬萬的世人享受著性愛高潮，卻矛盾地迴避公開談論、研究「性愛」過程，這使得最為自然本能的「性」，被後天地刺戳上犯罪感，真是人類文明的一大虛假。

而實際上，當麥斯特、瓊森等人研究性愛高潮時，除了必須面對觀念的障礙外，另一個問題即是來自方法論方面，這兩個問題其實是糾纏在一起的。

麥斯特等人進行性學研究時就發現，深度訪談當事人時，當事人傾向於隱藏一些他們認為不被社會接受的事實，而且他們也經常會誇大本身的性幻想來回答研究者。接下來研究者只好直接對自慰和做愛的人進行觀察，他們用隱藏式攝影機記錄做愛過程，這時才開始蒐集到真實的高潮反應資料，開啟性學研究的大門。

蒐集到基本的資料後，研究者開始將性愛細分為幾個階段，再運用精緻的儀器將高潮「量化」。譬如，他們在女性的陰道內部安置微型攝影機，攝影高潮時器官內壁和子宮頸的反應；還有一種儀器專門測量陰道分泌物的劑量，他們也分析這些分泌物的化學成份，同時也試驗在何種情況下分泌物的量將達到極點。其餘的生理反應如腦波、心跳、脈搏、血壓、呼吸率、體溫和血液成份等在性愛過程裡發生哪些變化，也是研究者感興趣的範圍。另一個研究者更感興趣的話題則是：哪些「刺激」（Stimulus）物能夠引起性趣？麥斯特和瓊森研究過乳酪蛋糕和牛肉蛋糕的圖片、異色故事和影片，發現它們對引發性趣頗有功效，甚至在當事人不注意的情況下注入少

量的生殖器官氣味，據研究也能迅速撥動當事人的興奮機制。

總括目前的性學研究成績，高潮反應的四個過程已被證明具有普遍性，也就是說，所有的人都會經歷這四個過程，但其間還有很大的個別差異。

高潮之二：感覺世界

高潮可說是一種不自主的迅速上昇或下降，此時，聽覺、味覺、視覺暫時失去作用，全身的肌肉和神經系統一起經營出「倒懸於天地間」的感覺。

高潮是天底下最神秘的感覺，經歷過的人都會這樣說。在它來臨前，我們熱切地期待著（以至眼睛發疼，胃都痙攣了），但當高潮真正到達的那三至十秒間，大多數人卻無法真確地描寫、掌握這種感覺。

於是，如何準確地描寫高潮，便是古今中外文學家責無旁貸的任務了。勞倫斯在他的《查泰萊夫人的情人》裡，多次將高潮感受形容為被海潮淹沒，子宮深處彷彿開了一朵鮮艷的百合花，這也許更證實了「人是由海洋裡進化而來」的這個考古學上的大論點。其他的「高潮」描寫還有像「坐飛機的暈眩感」（憑當時的姿勢來看是有點像），等而下之的色情刊物作家描述「高潮」時，就只好「啊啊啊」連篇，為色慾焚心的青少年提供有聲有色的幻想。

中國歷來的文章描寫高潮時，一來含蓄，講究點到為止而省略直接寫高潮樂趣，《紅樓夢》裡寫賈寶玉與襲人「初試雲雨情」時，不知情的讀者還以為他們兩人在洗被單呢？《金瓶梅》、《肉蒲團》算是性學名著了，可是到了那種場面時，卻像是遭新聞局咔嚓一剪，「翻雲覆雨」、「共赴巫山」、「魚水之樂」等等不知所云。倒是現代人無名氏在他一連串著作裡，大量使用生理學和醫學的常識和名詞，描繪做愛的場景和高潮的感受，也算是一絕了，至少讀者可以知道哪根神經對哪根筋，哪些器官又是怎樣的蠕動法。

此外，劉鶚在《老殘遊記》裡記載王小玉的說唱，用在山巔裡迂迴迤邐、拔高竄低來形容，也是很精彩的高潮描寫，這樣大略整理一下，我們可以發現，高潮可說是一種不自主的迅速上昇或下降，「上窮碧落下黃泉」，此時，聽覺、味覺、視覺暫時失去作用，全身的肌肉和神經系統一起經營出「倒懸於天地間」的感覺，可以讓人知

覺錯亂，放棄一切意志；可以化剎那為永恆，可以了卻生死渺茫；可惜的是，這種感覺只能延續二至十秒，有些女性還可以持續到一分鐘左右。

性學研究者則認為，男女性的高潮反應和強度是相同的，唯一的差別只在於男性會射精，女性除了會有陰道抽動等反應外，不會有任何的射出液體行為，而根據這一點，某些女性當事人描述，高潮時會有陣溫暖的潮水感覺漫向全身，這一點偉大的勞倫斯倒真是說對了。

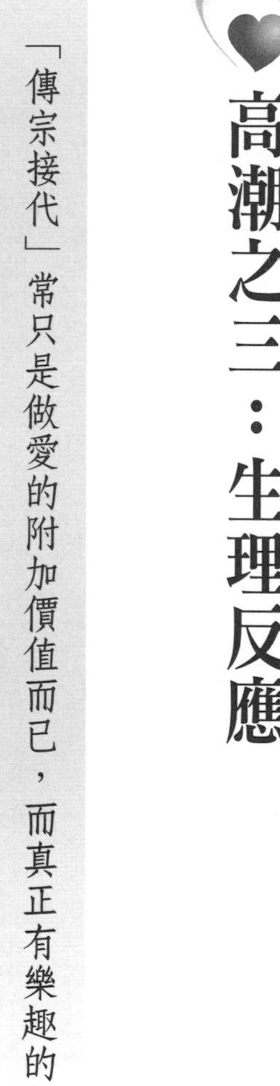

高潮之三：生理反應

「傳宗接代」常只是做愛的附加價值而已，而真正有樂趣的，就是那些隨著高潮隨至而來的氣喘、皮膚潮紅、肌肉緊繃及流汗呢！

美國版《花花公子》雜誌登過一則笑話，說若干年後外星人來訪，探問地球人傳宗接代的方法，經過地球科學家詳盡解釋後仍無法瞭解，科學家於是找來他的女助手實際示範一次。事成後，外星人點頭說：「瞭解是可以了，但既然要十個月後才可以看到成品，為什麼你們會做得如此氣喘咻咻，連聲狂呼呢？」

當然，外星人也許不曉得「傳宗接代」常只是做愛的附加價值而已，而真正有樂趣的，就是那些隨著高潮隨至而來的氣喘、皮膚潮紅、肌肉緊繃及流汗呢。一些老人家在尋花問柳時突然長喘一口氣便「大限突至」，溫柔鄉忽成溫柔塚，多半也是這些高潮反應惹的禍，有道是「不想牡丹花下死，熱身運動先做好」。而那些做愛做到一半腳抽筋，要停下來喘口氣，汗流不止先得擦汗喝杯水的，只好怪自己以前在學校上體育課時偷懶，沒有把「伏地挺身」和「仰臥起坐」這兩項絕招練好，以至現在「誤國誤民」，妨礙家庭幸福。

下面，我們逐一介紹性高潮時的生理反應：

1.皮膚潮紅：只有二十五%的男性會在性交時感覺到皮膚潮紅，而且只集中在由臉至腹部的位置而已，高潮後約五分鐘這些潮紅隨即消失。女性方面，七十五%的人在「興奮期」時喉嚨和下腹部也會泛紅，甚至延伸至乳房，這種「潮紅」的程度和性刺激物成正比，但在「高原期」會紅得更厲害。

2.腫脹：除性器官腫大外，男性的鼻孔內壁也會因進來的血多、出去的血少而略顯腫脹，女性則在鼻孔內壁外還要加上一項「乳房」；「高原期」時，女性的乳房將腫大至極限，直到高潮過後十分鐘才能消退。

3.肌肉緊繃：六〇%的男性在「興奮期」時乳頭會變硬，四肢、下腹部會有隨意肌肉抽動現象。「高原期」時，也會出現無法隨意控制的緊繃、面部肌肉抽搐等情形，「高潮」時，直腸部位的括約肌也會有反應。女性的「肌肉緊繃」則集中在背、臀、骨盤部位，乳頭也會堅挺變硬，而在「高原期」時這些反應都會達到最高點。

4.流汗：三分之一的男性會在高潮剛結束時冒汗，通常只是腳和手發汗，但也可能全身都會出汗。三分之二的女性則於高潮後在腋窩、前額、上唇部位輕微出汗，背、胸、臀、腳、腕也都可能是女性出汗的部位。

性愛的生理反應圖

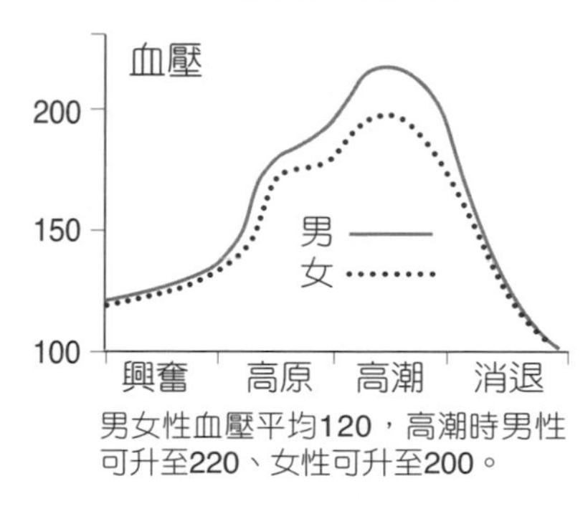

男女性血壓平均120，高潮時男性可升至220、女性可升至200。

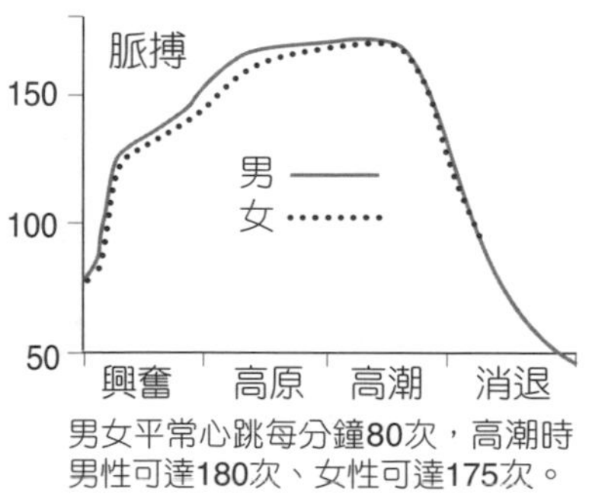

男女平常心跳每分鐘80次，高潮時男性可達180次、女性可達175次。

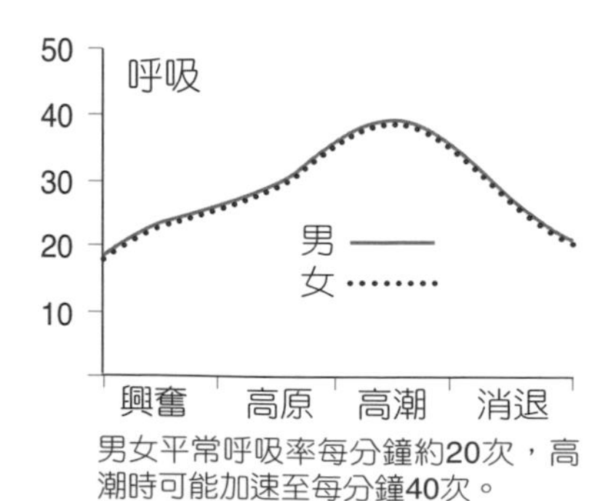

男女平常呼吸率每分鐘約20次，高潮時可能加速至每分鐘40次。

高潮之四：女性要多久才有高潮？

是否女性在做愛時常會自己先忍耐一陣，目的是好讓男人發覺自己有滿足女人的本領；或是她們潛意識裡要配合男人的高潮而延長了興奮期？

著名的「海蒂報告書」（Hite Report）曾提到，許多女性描述她們自慰時，只要幾分鐘就可達到高潮。不要小看這項結論，在其他為數眾多的性學研究裡都強調，女性通常都要經過一段時間的興奮期才能達到高潮，因此「海蒂報告書」的調查成果至少引發兩個問題：女性興奮期的時間長短不一，是否表示她們之間的性反應有很大的差距？第二個問題是，是否女性在做愛時常會自己先忍耐一陣，沒有高潮卻假裝自己快要有，目的是好讓男人發覺自己有滿足女人的本領；或是她們潛意識裡要配合男人的高潮而延長了興奮期？目前為止的性學研究，還無法圓滿地回答這兩個問題。

另外一個關於女性高潮較富爭議性的問題則是，到底女性高潮時有哪些部位會有刺激和感應？過去的性學家研究高潮時，都只限定研究陰蒂頭而已，佛洛依德和他的追隨者秉著一貫對性驅慾的關心，主張只有年輕女孩才能感受到陰蒂高潮，成年後高潮反應將轉移到陰道部位；而麥斯特和瓊森夫婦則認為，所有的女性高潮一開始都是來自陰蒂部位。

關於這個課題，女性主義者也製作過一些研究，結論是：女性性器官看來簡單，卻是「同中有異，異中有同」，但不管是哪個部位受到刺激，最後性器官的所有部位都必然會有反應。

綜合以上的研究，性學家發現，女性也和男人一樣擁有會「勃起」的性器官組織。從相類似的生理組織再推到心理，性學家相信兩性間的性驅慾和反應其實相差無幾；但是他們也懷疑，這種性慾的相似性到底是較受生理結構的影響，還是社會化過程也會在性驅慾和反應裡插上一腳呢？事實上，在我們的社會裡，女性在性方面總是扮演著較被動、消極的角色，男性則富攻擊性、衝動、性慾強，但如果兩性的性驅慾有著一樣強度的話，這樣的性別分野裡面必存在著「社會化」的迷思。

然而，既然女性性器官也會在做愛時膨脹、勃起，她們就必然會損失元氣，也許不像男性射精那般明顯，我們還是可藉著觀察女性經期時的大量流血、強烈抽搐、背痛、嘔吐、下痢，甚至經期前一、二周內的胸部敏感、骨盤部位有漲滿感等反應，察覺婦女在月經周期和性事的元氣損傷。如果女性想要改善這些情形，她們就必須先學習如何減少做愛和月經來臨時耗損的精氣，縮短陣痛的時間。還需學習如何將節省下來的精氣，轉化為對身體有益的元氣，延長高潮的時間；勤加練習的話，她們還有可能在純粹肉體經驗的高潮後，覺到更高層次的心靈體驗，像是宇宙為她們開了扇門，說不出來的舒暢。

控制射出入門七守則

不要以為「控制射出」這件事說來很簡單，根據過去的經驗，入門者往往要花費好幾個月的時間，才能學會控制呼吸和「關閉鎖精」。

常常有男性朋友提問，到底怎樣才能「控制射出」，這個問題在威而鋼時代，真的有些「怪怪的」，吾人不吃不睡長思三夜，為免人間香火斷絕，只好老牛拖車，並且向天祝禱，願本著嚴肅的精神，繼續與各位讀者共研男女床笫間的精神愛（崇拜柏拉圖的犬儒者到此止步）。讀者不要以為從此我們就要阿拉耶穌阿彌陀佛，我的意思是要談「男人的精，女人的神」這樣的造愛探討。不過最近也有些男性朋友反應，有些談論男人「控制射出」的方法講得太深入了，以致諸般男子看完之後仍無法控制，

甚至還有人一時衝動，一分鐘之內就解決了，實在有損健康，真是要不得。

因此，本文要「淺出」的談一下「控制射出」的入門守則，共有七條：

1. 冷靜為守精之本。人門者一開始就須學習不要太過衝動，更切忌「自作多情」，即使對方是你的真愛，好吧，你們還有一輩子的時間。

2. 美女為破功之本。入門者開始找的女性，最好不要太過漂亮或是「玉門關」太緊扼。如果女孩不會很吸引人，他就較不會「失去理智」；而「玉門關」太緊的話，男性就會因過度接觸、運動而受不了射精。

3. 溫柔為耐久之本。入門者在試著進入女體時，一定要切實遵守溫柔和緩慢的原則，每過幾分鐘就暫停一下；要是真的感到心癢難耐，無法抑止時，趕緊當機立斷抽出來，只留一吋在裡面就好，等到平靜下來再重新開始。

4. 深淺為控制之本。入門者先要試著用「三淺一深」的韻律進行工作，熟練一點而覺得能夠有效控制自己後，再試行「五淺一深」，最後才達到「九淺一深」的境界。

5. 進出為學習之本。常言道「深入淺出」，在這件事上應改成「淺入深出」，也就是迅速堅決的拔出來，溫柔的進去。

6.慈悲為快感之本。為了讓伴侶早點到達高潮，男士們一定要保持慈悲而且溫柔，不要無意間把自己的獸性表現出來。

7.耐心為成功之本。最後一點，也是最重要的一個原則，就是維持耐心。不要以為「控制射出」這件事說來很簡單，根據過去的經驗，入門者往往要花費好幾個月的時間，才能學會控制呼吸和「關閉鎖精」。而要打破男人們「性愛必須射出來才算完整」這個觀念，也許還要更長的時間。

女性高潮練習：卵巢呼吸法

這個過程說來是簡單，但還是需要假以時日的練習，才能御虛駕氣。最理想的狀況是，就像某些武俠小說形容的，只要稍一動念，便能感覺到熱氣源源不絕的在體內運轉。

上世紀六〇年代有一部電影「聯合縮小軍」，敘述將潛水艇縮小注入人體泅行的經過，這部電影的部份理論如今已被證明為不符實際。我們在這裡提到它，只是想拿來做為「氣」在體內流轉的一個類比，從前的人練氣功練到感覺像有枚雞蛋在血液裡奔跑，就是這種境界了。

而在專供女性練習、施行的「卵巢呼吸法」裡，女性也可學習讓溫暖的精氣經由脊椎穿過頭部到達印堂，再轉往舌頭、心臟、胃後方的太陽神經叢，抵達最後一站肚臍（亦即丹田部位），由此貯藏精氣。這個過程說來是簡單，但還是需要假以時日的練習，才能御虛駕氣；最理想的狀況是，就像某些武俠小說形容的，只要稍一動念，便能感覺到熱氣源源不絕的在體內運轉。

不過我們要事先說清楚，過去有些女性做這個練習時，將過多的精氣貯存在心臟部位，造成心灼痛、呼吸困難等症狀，這是無法有效控制循環的結果。因此剛開始練習時，建議妳一定要掌握「歸氣於丹田」的原則，等到稍微熟悉過程以後，再試著撥些精氣增加「心頭熱」，切勿自誤。

練習「卵巢呼吸」，首先妳的注意力應集中在卵巢部位，試著用卵巢呼吸，再將注意力下降到卵巢底部。

慢慢的收縮陰道，把停在卵巢的氣再下降到會陰，學習收縮、放鬆會陰的前面部位，同時，再吸入一口氣，停住，感覺熱氣由卵巢底部游到陰部、陰核和會陰部位。呼氣，但妳的注意力仍留在會陰部位。這個過程請重複九次。

再吸一口氣，稍稍的收縮陰道和會陰前部位，接下來是會陰的中間和後部位，感覺這股氣爬到了脊椎的尾骨和骨盆部位，呼氣。重覆九次。

將這股氣留在骨盆部位，同時將注意力回到卵巢，依前述過程吸收精氣至會陰部位，再到骨髓，停止，再吸氣，感覺妳正將骨盆往下推，讓氣進入脊椎骨，上升到乳房後面的脊椎，呼氣。重複九次。

同樣的，仍將氣留在背脊椎部位，另一方面再回到卵巢呼吸，將氣經由陰道、會陰部位、脊椎骨向上帶，我們以脖子、眼睛部位後面的脊椎骨為兩個中點站，每個中點站也要重複九次。當這股氣到達頭部後，想像它先以逆時鐘方向在腦部轉動九、十八或三十六次，再順時鐘轉動九、十八或三十六遍。

讓舌頭抵住上顎，使氣順著前額、舌頭、喉嚨降到心臟，暫停，感覺這股氣在心臟部位時，自己有何感覺；最後降到肚臍，聚氣於丹田。

男性高潮練習：睪丸呼吸法

怎樣才能「挺而不射」？除了那些天賦異稟的壯男級外，只有一句話合用：「練習，練習，更多的練習。」

電視上曾經出現一則衛生棉廣告，註明「只給女性觀眾看」。我看這篇文章也適合冠上這份聲明，因為這次，我們想說的是女性如何幫助她的丈夫，共同達成性愛的道家修行。

我曾經介紹過，道家提倡女性施行「卵巢呼吸法」訓練，可以靠著呼吸將氣輸入卵巢，好處是能夠提升高潮經驗，持盈保泰，維持心靈和生理的最佳狀態。

然而，道家也提到，女性進行訓練時，最好能夠有男人從旁協助，而反過來，男性也需要女人的協助，完成他自己的修行計劃（睪丸呼吸法）。從道家的觀點來說，男人在性愛過程中最忌「洩得太早」，此舉不僅傷身，也妨礙了他們的修行；但很多男性顯然不知道這件事，一上馬就急著要「洩洪」，甚至以為不這樣做就不足以言「高潮」。所以，女性要做的第一件事就是說服她的男伴，儘量能夠維持「挺而不射」的狀態，要做到這一點就已經很不容易了呢！至於怎樣才能「挺而不射」？除了那些天賦異稟的壯男級外，只有一句話合用：「練習，練習，更多的練習。」剛開始時，女性在場會讓男人容易衝動，所以最好還是讓男性獨自練習。

布洛爾斯夫婦曾在他們的著作《擴張性高潮》（ESO, Extended Sexual Orgasm）裡，提到一些延遲「挺起」的技術。最簡單的方法是將氣下沉至腹部，感覺猶如腸部在蠕動，而陽具部份也會感覺漸漸鼓脹起來，整個過程裡需屏住呼吸。這個方法的時效看似短暫，但只要施行得宜，當我們吸一口氣，放鬆心情時，將發現「那個東西」也會神奇地跟著放鬆。

另一個技術可以稱為「拉囊法」，方法是：「用左手的大拇指和前指抓住睪丸間的陰囊部位，臨近高潮時，就將陰囊往下拉。」這個方法的論點是，如果男人的睪丸是向下垂，而不是被往肚臍部位推擠，就較不會出現「起來」的現象。

還有一招就叫「冷水疙瘩法」，是傳統道家經常使用的，方法很簡單，行房時在床邊準備一盆冷水，等到做得熱情如火又想要控制自己時，就趕快抽身而出將那傢伙放進冷水裡，熱情一點的說不定還可聽見滋滋的水聲。這個方法其實相當「動物」，畜牧系的學生就知道利用這招控制家畜的性衝動，先不要拿出「人是萬物之靈」這套說詞，方法有用就得承認。

另外一個方法稱為「世紀數數」（Century Count），緩慢地從一數到一百，至於數到一百後沒有效該怎麼辦，目前還無定論，建議你繼續數下去好了。

第二章 性愛姿勢

古中國與印度的性愛姿勢

比較起來，中國式姿勢裡的兩性關係總是讓女性處於較卑微的地位，不如印度式姿勢裡兩性會被較平等對待。

從歷史書中約略可知道，東西方的交流起自絲路開通。那時起，東方的有錢人開始喝加糖的紅茶，遙遠的陸路傳來胡琴、番茄、胡椒，當然還有壓酒勸客嚐的胡姬，春宵一刻值千金，每個員外都要看緊他的荷包。而西方呢？有幾十個世代歐洲的王親貴族熱中收藏中國、印度、日本傳過去的春宮畫，談論、研究畫中的性愛姿勢，這些貴族靠著燭光、瞇起縱慾的眼睛看了幾百年後，下了結論：「東方人真是不可思議。」

這還不算什麼。據說第一批英國人進入印度的性廟，目睹壁上繁複而目不暇給的

各種做愛姿勢，居然熱淚盈眶地拜倒下來，那種神情無異於摩西看見橄欖山上燃燒的樹叢。其實，這兩種宗教的精神果然有相通之處，性愛姿勢在印度吠陀傳統裡，就是一種奉獻給神的宗教儀式。

總之，從那時起，東方國家的性愛姿勢就變成西歐成人矚目、好奇的閨房話題。十八世紀前，他們悄悄研究、模仿，看著畫中那些扭曲的姿勢發呆。十八世紀後，龐大的東印度公司船隊向東航行、殖民，他們又說東方人的那些「印度式」、「中國式」、「日本式」的性愛姿勢是「文明未經啟蒙」的野蠻人行為了。其實這只是陌生引發的偏見而已，我們東方人也常分「法國式」、「義大利式」、「英國式」的吻，還說天堂就是「法國人烹調，跟義大利人做愛，讓英國人當警察，德國人管財務」，地獄卻是「法國人管財務，義大利人烹調，讓德國人當警察，跟英國人做愛」。這種刻板印象會讓義大利男人沾沾自喜、英國男人抗議連連。

談到「中國式做愛姿勢」的刻板印象，最讓西方人記得的，一為「猴子攀樹」（女的坐在男的上面，兩人面對面），另一為「野雁倒飛」（同樣也是讓女的坐在上面，但女的背對男的），其他像「五淺一深」、「八淺五深」的立體化秘訣就不是從畫裡觀察得到了。比較起來，中國式姿勢裡的兩性關係總是讓女性處於較卑微的地位，不如印度式姿勢裡兩性會被較平等對待。

「印度式姿勢」通常也較複雜，有些還借用了瑜伽的鍛練技術，避免讓男性太早射精，包括立姿、女人在上等姿勢。剛才提到，印度宗教裡做愛姿勢常是一種虔誠的儀式，有時候還是冥思的歷程，這些經驗絕不是文字能夠表達的。西方的貴族最能觀察的是，印度女人常會用長長的指甲刺激、挑逗男人的皮膚、腋下和胯下的敏感部位。「印度式姿勢」裡公認最值得學習的是「立姿」，如果女孩身子夠輕，並且夠軟，也許可以試試看，不過我要事先警告，這種姿勢做起來是要有點慧根和毅力的。

不信邪的女性同胞，試試看站著向後仰，用手臂攀住腿，頭則要靠近股間部位，然後接受男性溫柔的進襲，這個姿勢恐怕只有練過軟骨功才做得來，但據說其樂無窮。台灣能夠做到這種姿勢的女性看來也不會太多，如果有人因此閃腰或抽筋，請不要說我沒有事先警告。

另外一招就更難了，據說只有印度神廟裡的女孩從小接受訓練才有辦法，要用一腳站立，另外一腳盤到腰際，如此一站還要從事性愛動作就真的要有點神助了。

這些姿勢還只是印度姿勢裡較容易做到的，如今已經有些姿勢逐漸失傳，等到當年受過訓練的神廟女孩逐漸凋零後就永遠絕跡，想來實在唏噓。

我還聽說印度性愛姿勢最高的境界，和金庸的獨孤九劍「無招勝有招」、「手中無劍，心中無劍」一樣的精神，曾經出現在印度塔米爾省南方的一些村鎮裡，目前還有些老太婆從她們的母親處習得此招，但大多數性學書籍都未記載，只好望書浩嘆，遙想先人，古道照顏色。

再談印度式姿勢

「印度式姿勢」事實上不是都這麼神奇驚險的，目前找得到最早的一本印度性愛經典，是西元二世紀左右的《卡瑪經》，裡面就包括了一些相當實用的姿勢。

介紹過結合瑜伽精神的「印度式姿勢」，很多人表示無法置信，尤其那種要將腳盤到腰際的高難度姿勢，「這樣子除了感覺到腰痛和腳酸外，真的還會有其他感覺嗎？」

這種疑點當然必須要有所澄清，否則會讓台灣讀者以為苦行的印度人平時都愛睡針床，洗恆河水，連晚上做那回事也不忘苦行。「印度式姿勢」事實上不是都這麼神奇驚險的，目前找得到最早的一本印度性愛經典，是西元二世紀左右的《卡瑪經》，

裡面就包括了一些相當實用的姿勢。

據說那時候的印度女孩接近初懂人事的年紀時，父母就會送她一本類似的經典，讓她及早瞭解各種性和生理的問題，為未來的「妻子」和「女人」的角色早做準備。這種性教育啟蒙的做法，比起一千多年後台灣還在爭議健康教育第幾章要不要教，顯然要健康得多了。

印度《卡瑪經》裡記載的姿勢，像「大開式」是女性仰躺，頭放低，腰部抬高，如此可讓男性容易進入；「大裂式」也是讓女性仰躺，抬起大腿，而在做愛期間也要維持雙腿張開；第三個姿勢稱為搭背式「Indrani Position」，和「大裂式」差不多，但女方的兩腿則搭在男方肩上。這三種姿勢特別適用於男方生殖器比女方陰道尺寸還要大時，採用這些姿勢有助於為女方擴充「寬度」。

「大鉤式」、「大壓式」、「大纏式」和「雌馬式」（The mares Position）有如連環圖畫的四個停格，一氣呵成，特別適用於當女方的陰道比男方的生殖器寬鬆時，印度文化還說這些姿勢是給「象女」收縮陰部用的呢。

首先，「大鉤式」是讓男女伸長身子相疊在一起，開始仰臥起坐的「運動」後，女方夾緊雙腿，讓男性的陰莖完全充滿在女人的陰道裡，這就是「大壓式」；然後女性再把一隻大腿屈起，纏住男方的大腿部位，即是「大纏式」，維持「大纏式」的基本姿勢不變，但是女方的兩腿夾緊，就是「雌馬式」了。

有些「印度式姿勢」，顯然是直接模仿天地自然萬物，像什麼「劈竹式」、「蓮座式」、「螃蟹式」、「打釘式」等，都各有樂趣和功用。

可治病強身的姿勢

做愛不僅是為了傳宗接代或是片刻歡愉，更重要的是某些做愛姿勢也可用來治病，或增進身體健康。

古代的中國人相信，做愛不僅是為了傳宗接代或是片刻歡愉，更重要的是某些做愛姿勢也可用來治病，或增進身體健康。以下介紹一些宣稱可用來治病的姿勢，供有心人參考；當然一笑置之也可。

首先要強調，練習這些姿勢仍要秉持武術「由繁馭簡」和「無招勝有招」的原則，瞭解有多少姿勢並不重要，重要的是你能不能從對方身上吸收到你所需要的能量。到了這種高招階段，也許你只要用一種姿勢就能吸收足夠的能量輸送到身體各個部位。

同時還要記住，當男方的動作較多，而女方保持靜態時，就是由男方輸送能量給女方，因為此時女方能夠平靜心靈，專心將男方送過來的能量移送到需要接受治療的身體部份，反過來說道理也是一樣。

1.女性有月經問題，如失血過多、陰道冷感等時，可以側躺在床上（左側或右側均可），雙腿張開，男方由上面進入，但女性必須維持住她的姿勢不變，由男性配合她的姿勢調整進入的角度，如此才有效果。這個動作須維持練習十五天，每天練習兩次「九淺一深」。

2.這套姿勢對活力不高的女性很有幫助。自助背躺，頭部和肩膀用一個大枕頭撐起來，雙腿也要張開來，方便男性由前面進入，這套姿勢需要練習二十天，每天三套（每套要做三次「九淺一深」）。

3.第三個姿勢，據說對全身的器官都能補到。女性側躺，兩條腿彎起來，夾住男性的腳，男人同樣是由前方進入。在二十天內，每天都要練習，而每天至多可練到四套。

4.第四個姿勢，可治療骨頭的毛病。除了可讓斷骨加速癒合外，這個姿勢還對關

節炎和其他循環系統的毛病頗具療效。在這個姿勢裡，女性左側側躺，左腿盡可能的彎曲起來，但右腿還是伸直，男性則和女方面對面，由前方進入，在十天內，練習五次「九淺一深」，每天至多練習五套。

男上體位

男上體位是所有做愛姿勢裡最有彈性的，當事人進入可深可淺，時間可長可短，幾乎不會引起任何不便。

相傳過去的台灣社會裡，每當女兒出嫁前，母親總會將她拉進廂房裡低聲面授機宜，這是台灣史裡有跡可循唯一的一堂性教育課，內容如何不得而知，但保守的女孩聽得似懂非懂，以致臨上場時還是連連出錯。據非權威的消息來源透露，那時母親總會悄悄告訴女兒，那一夜一定要把自己的衣服放在丈夫的衣服上面，做那回事時自己也要努力、奮鬥，必要時動用暴力，爭取上面的位置，這樣往後的婚姻生活裡女兒就能處處佔上風，不會被男人欺負。

聽著話的女兒當時還是懵懵懂懂的少女時期，不很瞭解母親所說「壓在上面」的重要，等到她終於瞭解時早就悔恨交加了，於是當她熬到自己的女兒也可以出嫁時，她必然又將女兒拉到廂房裡告誡「那一夜一定要在上面啊」！大紅的花轎等在窗下，一代傳一代。古代母親為了女兒的終身幸福，迷信「壓在上面就能佔上風」，但直到性解放風暴過後的一九六〇年代，女人在上面的體位仍被視為較不自然。根據一項正式的調查顯示，六〇年代末期美國女性仍然最喜愛「男人在上面」的做愛體位，這項體位另外也有個名稱叫做「傳教士」體位，不過我們千萬不能望文生義，而對傳教士的私生活有了任何遐想。

研究者認為，「傳教士」體位是所有做愛姿勢裡最有彈性的，當事人進入可深可淺，時間可長可短，幾乎不會引起任何不便，即使中途為了想延長任何一方的高潮而轉變姿勢，但最後還是應回復「男在上」的體位，讓雙方同時到達高潮。

「傳教士」體位的優點包括：使「進入」較容易，女性較放鬆，也較適合雙方的愛撫和親吻行為；但如果男方體重過重，陽具無法充分勃起，或是正值女性懷孕末期，「傳教士」體位就不很適合了。男上女下的姿勢還可以衍生十五種變化招式，請參考文後所附姿勢圖。

男上體位姿勢圖

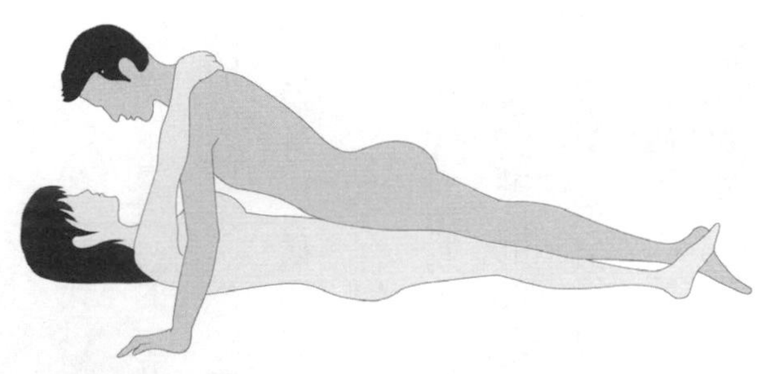

1.男方用手臂支撐上半身，使女方不必承擔男方的體重；待男性進入女性體內後，女方收緊雙腿，使陰道能夠夾緊男方的陰莖。

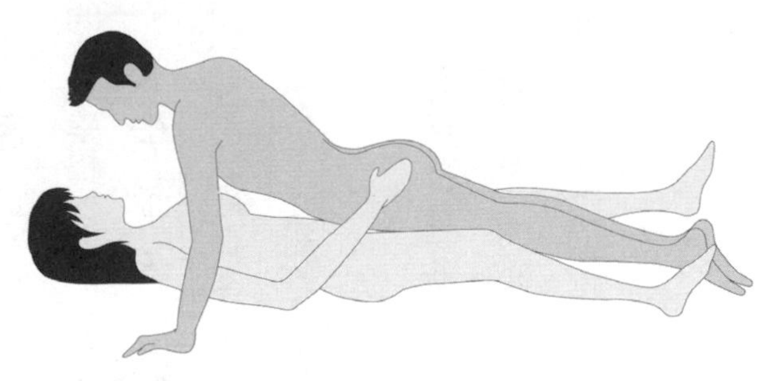

2.女方保持雙腿張開的姿勢。

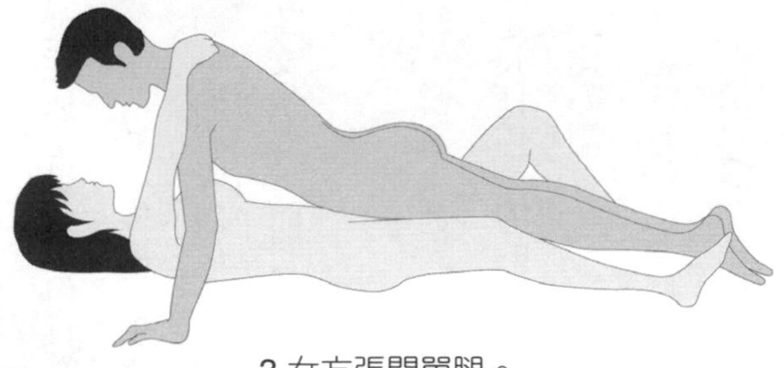

3.女方張開單腿。

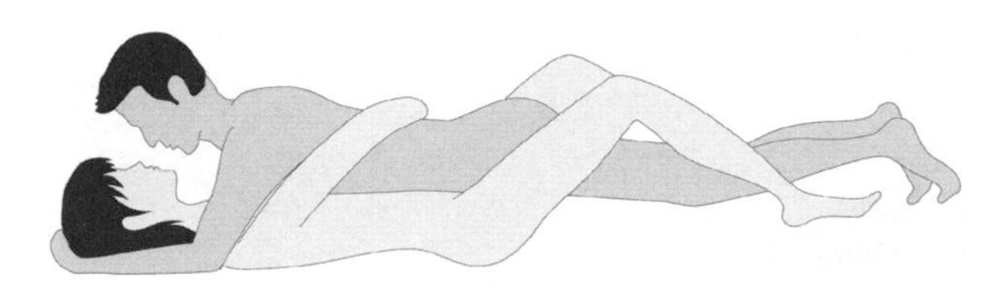

4.女方半屈雙腳，以便能夠深入；男方用前臂支撐，使男女雙方可以親密擁抱。

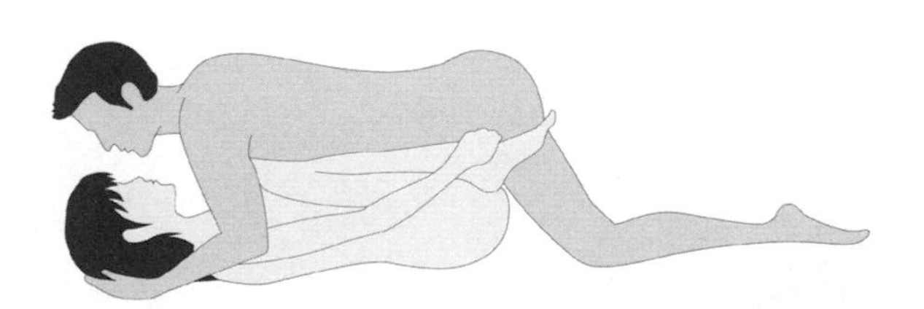

5.女方用手抓住屈起的腳踝，讓膝蓋頂住男方，方便更加深入。

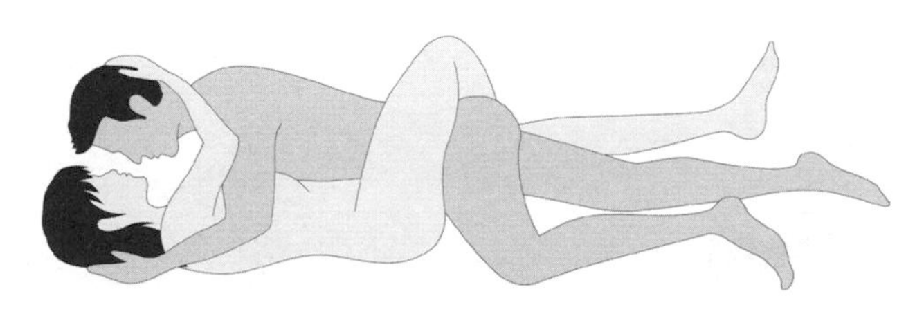

6.女方用一隻腳纏住男方。

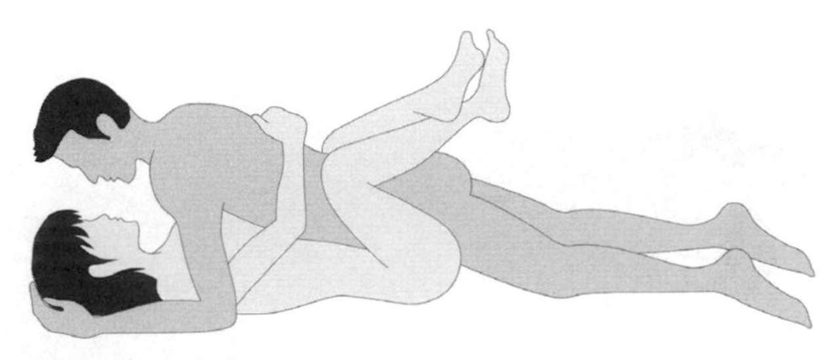

7.女方的雙腳夾住男方，雙腳用力相互勾住。

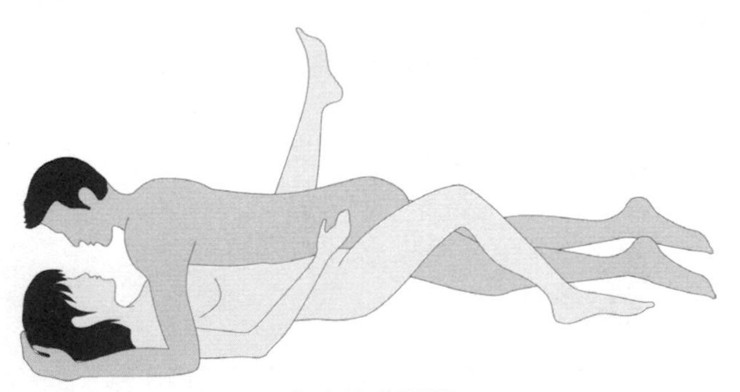

8.女方抬高單腳。

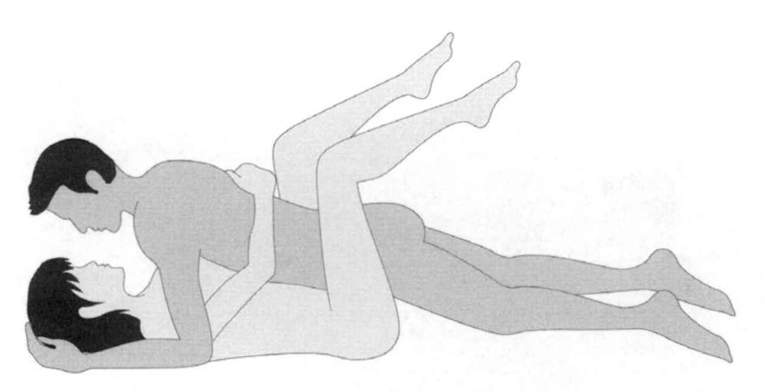

9.女方同時舉起雙腿，這也是一個可供深入的姿勢。

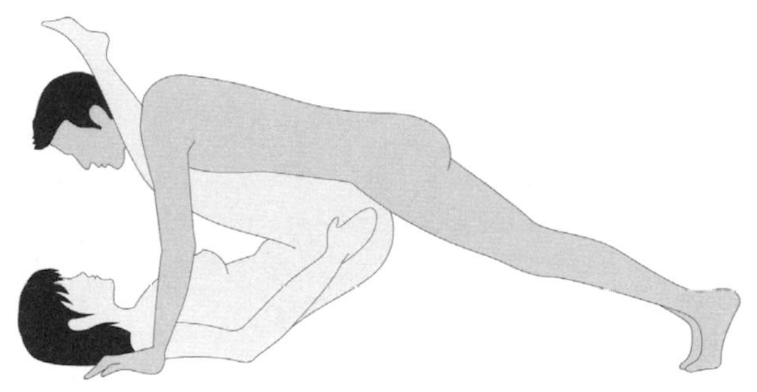

10.男方用手撐住體重，前傾插入，女方抬高雙腿。

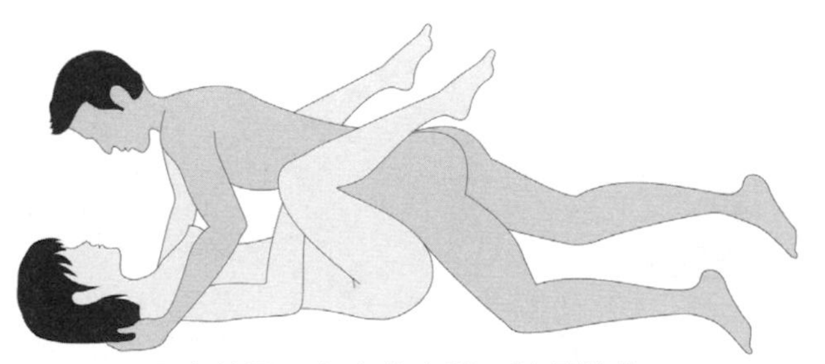

11.男方前傾，女方抬高腿、膝蓋彎曲。

12.男方以單膝著地，女方抬高單腿。

13.男方以單膝著地，女方抬雙腿，放在男方肩頭。

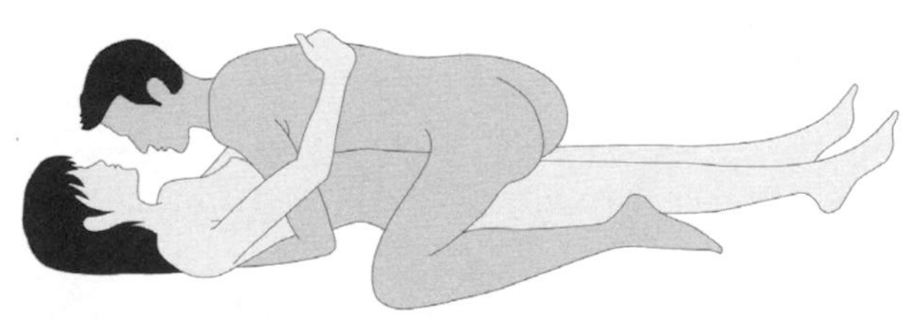

14.男方跨坐在女方身上，女方雙腿伸直。

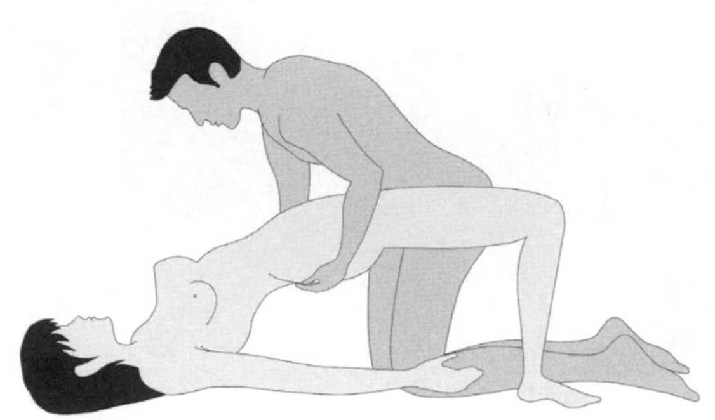

15.男方跪姿，並以雙手抬起女性臀部。

女上體位

其實「女在上」的姿勢，正如傳統社會裡那些老媽媽相信的，可以讓女孩較居上風，她們能夠順著自己意願，控制男性進入體內的長度和抽動的次數。

直到上世紀六〇年代前，「男性在上」的體位仍被視為是最正常的做愛姿勢，其餘的姿勢則被視作洪水野獸，好像做了就是姦夫淫婦，先打五十大板再說。而這個看法一出，立刻引起各界的熱烈迴響。原本就嚴守男性本位立場的男人當然沾沾自喜，像是神父終於向信徒證明上帝的存在，不過這類型的男人屬於守成者，做愛時他較關心的必是自己的高潮問題。

思想新潮的女性可能把「男在上」姿勢的意義抽象化了，把做愛和男女權意識抗爭攬和一氣，順此邏輯想，她們必定要努力主張「女在上」了。傳統的女性只好嘆口氣，從此逆來順受。

習慣柏拉圖戀愛的男女，對於誰上誰下問題的理解方法，可能是我們所無法參透的。其實「女在上」的姿勢，正如傳統社會裡那些老媽媽相信的，可以讓女孩較居上風，她們能夠順著自己意願，控制男性進入體內的長度和抽動的次數，至少也不用被男人壓得喘不過氣來，而此姿勢也特別適合男人較高，而女性較矮的高矮配。但男性可能會不喜歡在做愛時處於被動的角色，採用此姿勢也較不適合傳宗接代。此外，女性若採行蹲踞在男性上面的姿勢，猛烈抽動時男方的那話兒也很容易受傷。

女方在上，可先以膝蓋著地的姿勢開始，然後再嘗試躺下或是其他姿勢，雖然這個姿勢基本上仍遭到男權意識強烈的男性的心理排斥，但上世紀七〇年代卻有性學專家主張，這個姿勢最能讓雙方同時享受性趣呢。建議男性暫時拋棄想主控場面的想法，讓女性佔佔上風，而思想新潮的女孩們當然也知道，錯綜複雜的婚姻生活，早不是靠什麼衣服放在上面或是做愛時佔上風，就能順利理清。（請參考文後所附姿勢圖）

女上體位姿勢圖

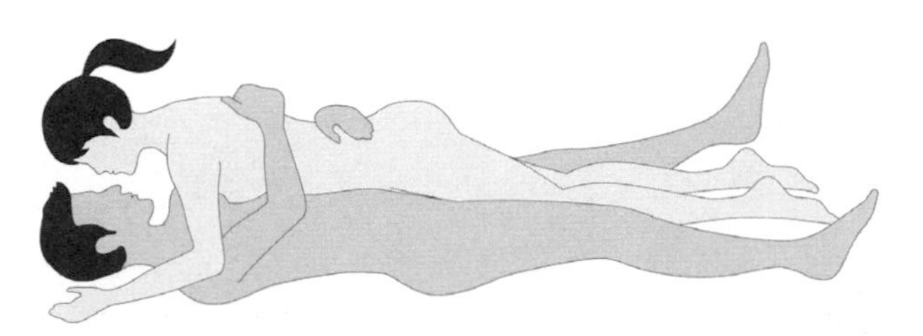

1.兩人擁抱正躺，女在上，雙腿放在男方中間。

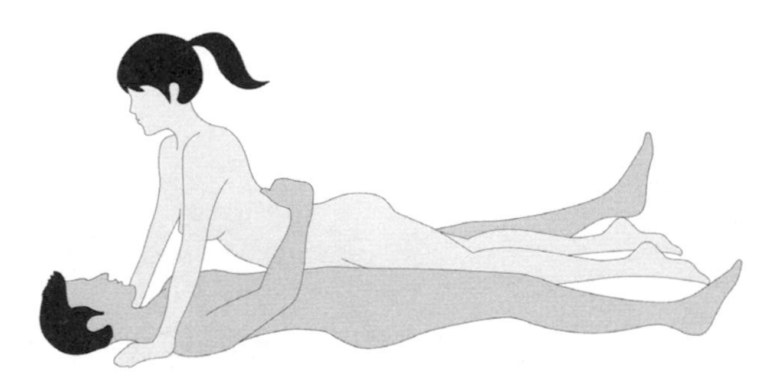

2.女方用手支起上身，男方環抱住女方臀部。

3.和2相同，但女方的腿放在外面。

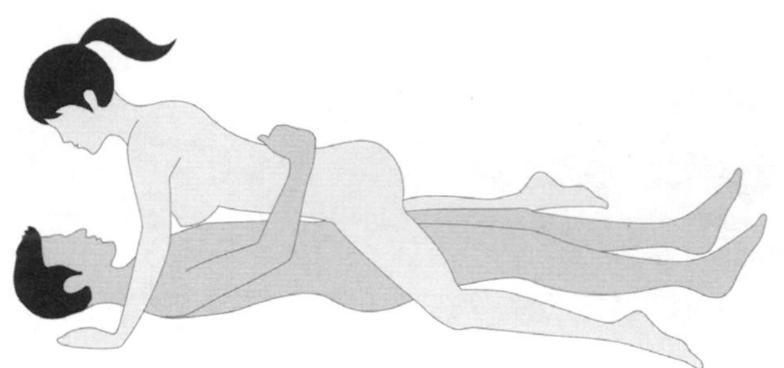

4.女方雙膝著地，適合淺進淺出。

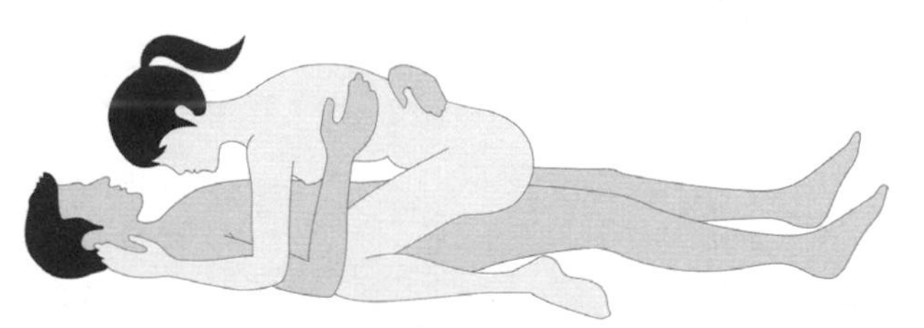

5.和4相同，但女方身體向前傾，適合深進深出。

6.女方用手支起上身，屈膝跨坐男方身上；
適合深進深出，兩人可保持目光接觸。

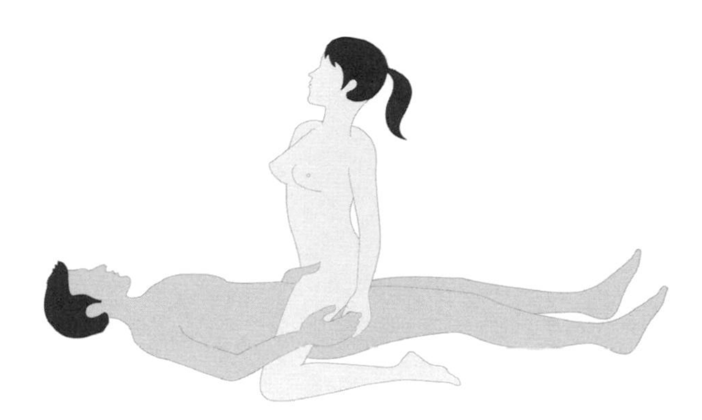

7.女方直立上身，跨坐男方身上；此姿勢便於男方用手撫摸女方下體。

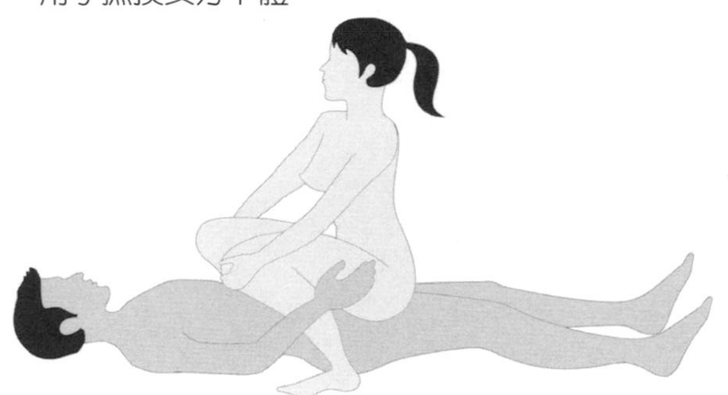

8.女方蹲坐男方身上，如果女方肌肉控制良好，可讓男方躺著就達到高潮。

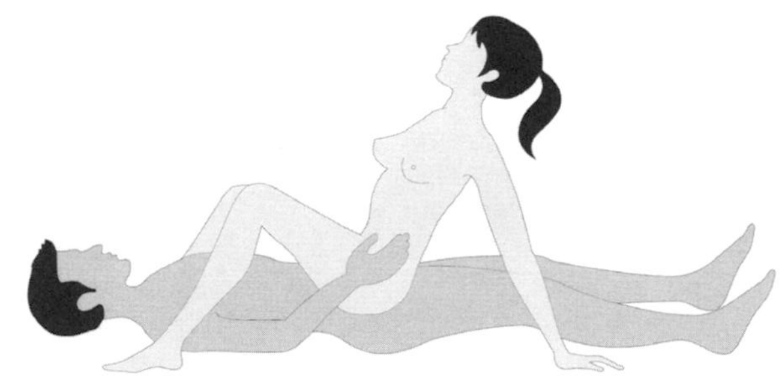

9.女方上身向後傾，跨坐男方身上，用手控制動作推進。

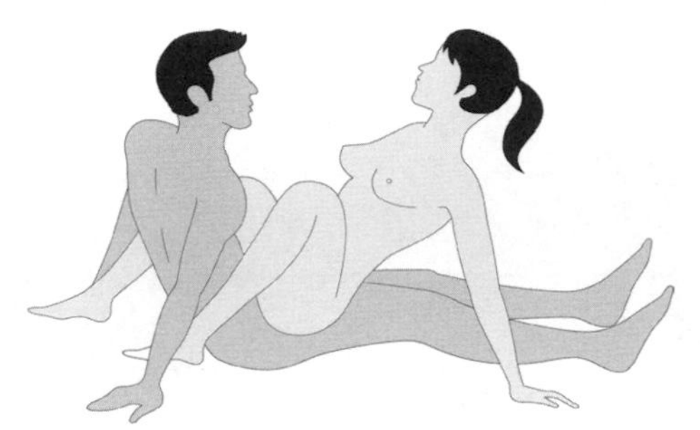

10.女方上身後傾，男方坐起。

11.男方盤一腿，女方坐於其上。

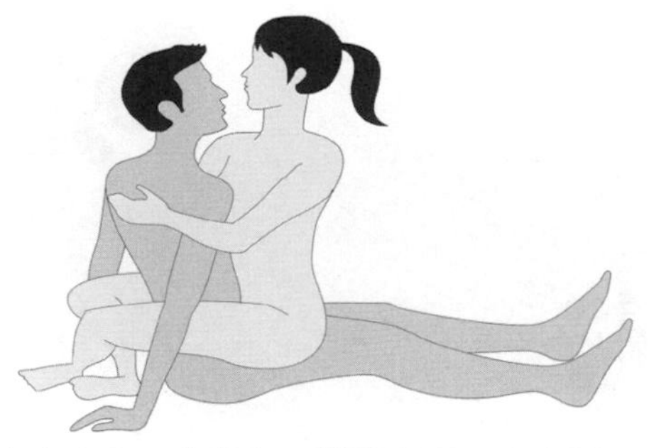

12.女方坐在男方身上，雙腿夾緊男方身體。

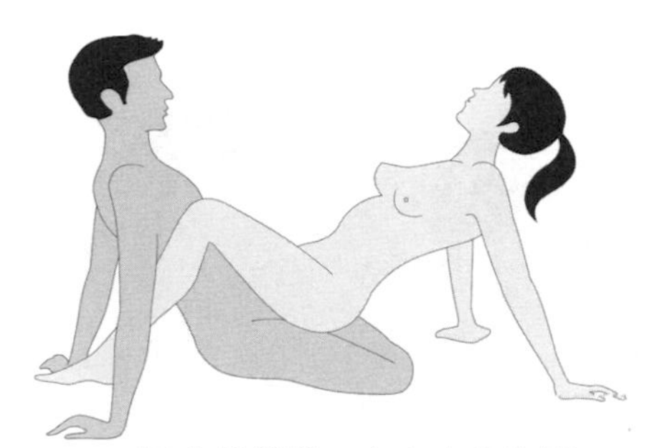

13.男方盤雙腿，女方上身後傾。

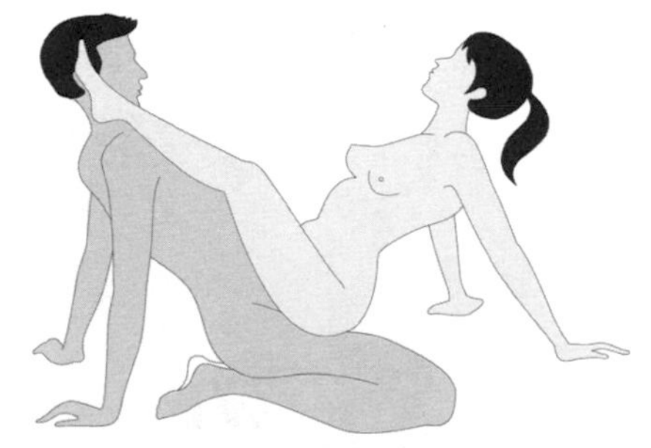

14.男方跪坐，女方上身後傾，雙腿搭住男方肩頭。

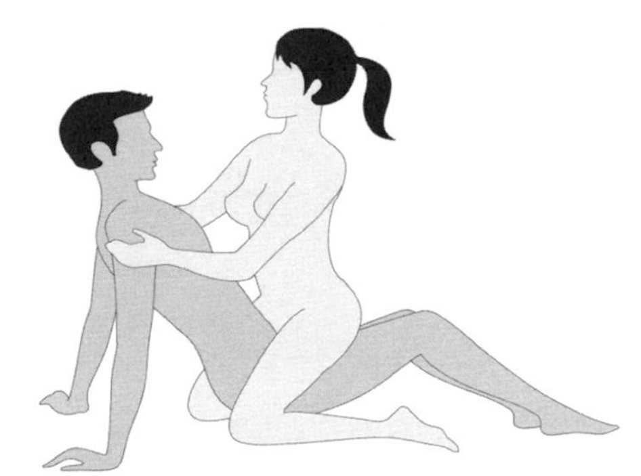

15.女方雙膝著地，跨坐男方身上，男方雙膝彎曲，
用手支撐上身坐起。

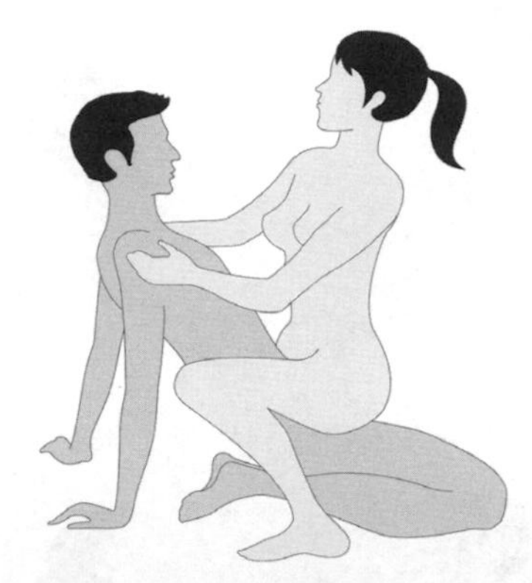

16.與14相同，但女方抬起雙膝、雙腳著地。

17.男女對坐椅子上，女方跨坐男方身上。

避免懷孕的姿勢

有三種無須直接接觸卻能達到高潮的姿態，分別是用手、肛交和大腿摩擦法，想要避免受孕，可以試試。

我在發表性愛相關文章時，經常接到一些衛道人士「鳴鼓而攻之」，最常聽見的說詞是「青少年看到了會不會學壞？」不過，這句話也已成為當社會上出現新的產品或突破性的做法時，那些惟恐自己跟不上時代潮流的人為了抵擋新趨勢的制式推詞。

其實，與其放任青少年淹沒在各種各樣的猥褻刊物和錯誤性知識裡，還不如用有根據、經過專家背書的性教育知識，導引他們明白性愛不僅是「只要我喜歡，有什麼不可以」的片刻歡愉而已，而是結合生理、心理、技術、責任和愛的生活藝術。

為了回應一些父母親的憂心，我們也必須再一次主張，性愛（包括文中提到的體位在內）的前提須以婚姻及真愛為基礎，我說這句話當然不是被逼供的，青少年宜先稍安勿躁，把本文收存下來，往後的歲月裡自然受用。

表態過後回到正題，談到男上和女上的體位姿勢後，另外還有三種無須直接接觸卻能同樣達到高潮的姿態，分別是「用手」（通俗一點稱作「手淫」）、「肛交」（Anal Sex）和「大腿摩擦法」。這三種體位對於達到高潮的程度各有高低，但如果當事人想要避免受孕，倒是值得推薦。

女方用手幫助男方的姿勢，據統計，美國的青少年在與親密異性約會時，有相當高的比例已經試過這種滋味了。但嘗試此種姿勢時仍須注意對方的反應，施做動作的女方應為男方找到一個速度、力量都適合的姿勢。如果是男方想要為女方效勞，他也要謹記在心，大多數的女孩喜歡環繞陰核撫摸，而不是直搗黃龍。如果是兩個人一起為對方做，請注意配合韻律、節奏和速度，最好能讓兩人同登仙境。建議放點有節奏性的背景音樂，但如果有人做這種事時還想要喊口令，未免走火入魔。

「大腿摩擦法」意指男人的「那話兒」夾在女方大腿間摩擦，此法並不十分適合避孕，因為精子仍有可能由大腿根部游進去，不過這隻精子足可當選年度最佳游泳選手。

「肛交」常被渲染成男同性戀的「標籤」動作，但男女間也可試試看，有些人甚至覺得這樣比正常的性交姿勢快樂。（請參考文後所附姿勢圖）

避免懷孕的性愛姿勢圖

1.男女面對面，女方腿分開，以手為對方愛撫。

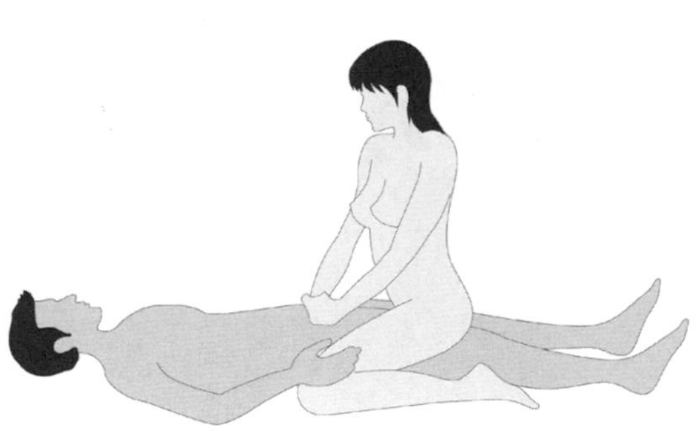

2.男方平躺，女方跨坐男方身上，以手為男方愛撫。

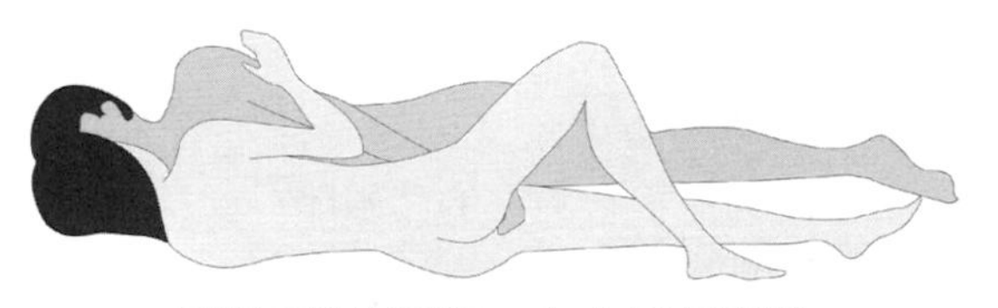

3.側躺面對面擁抱，女方屈起單腿，男方以手為女方愛撫。

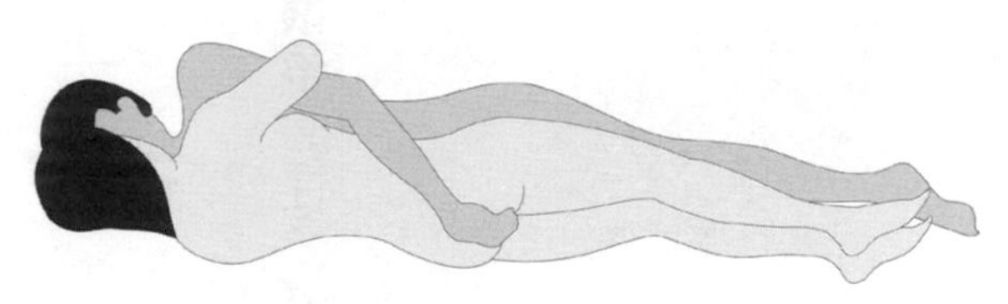

4.側躺面對面擁抱，女方以大腿用力夾緊男方的生殖器。

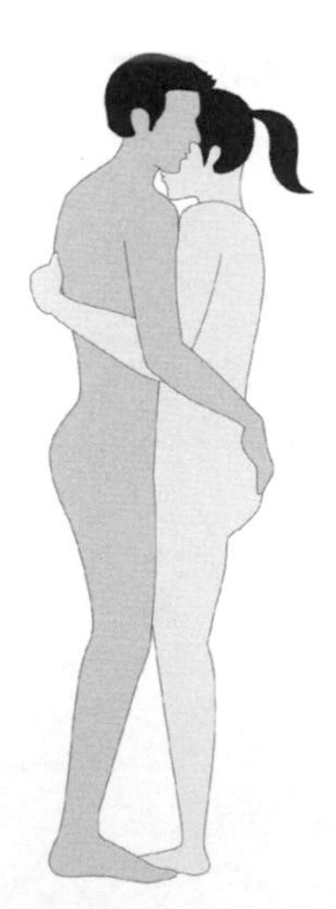

5.站立面對面擁抱，男方的生殖器在女方大腿間摩擦。

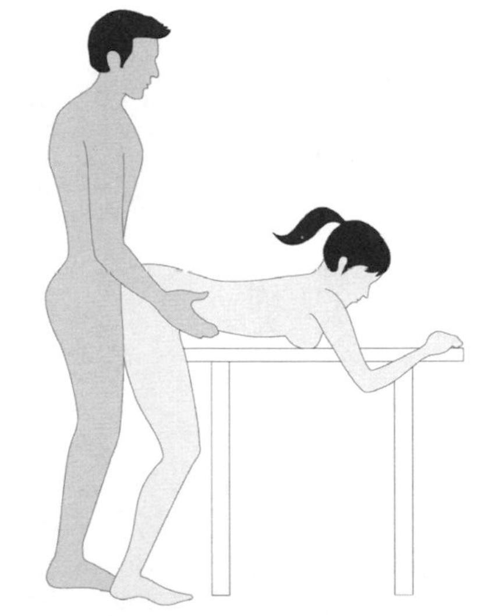

6.女方趴在桌上或床邊，男方由肛門進入。

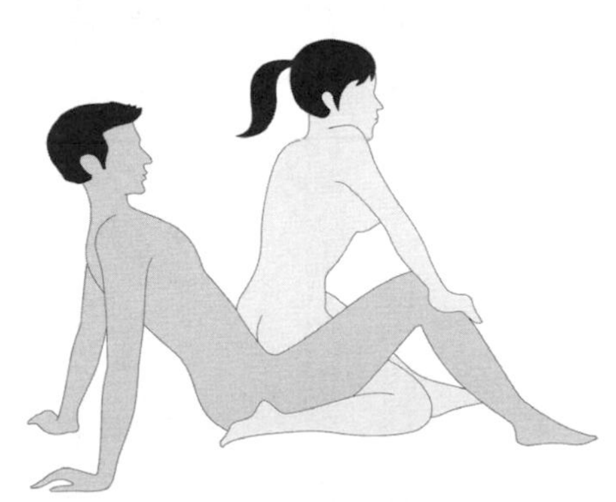

7.男方岔開雙腿以手支撐上身坐起，
女方跪於前，男方由肛門進入。

讓我在上面好嗎？

選擇到正確的做愛體位，幸運的話，能讓冷感的女人達到高潮，讓性無能的男人像廣告宣稱的那般，恢復昔日神勇。

小說作家張系國在他的經典作品《不朽者》裡如此開場，簡單明瞭卻旖旎的問號像一陣浪潮，席捲過往後的曲折情節，即使當我們貪婪地讀完這篇小說裡露骨的做愛片段後，我們的想像仍兜回最前面的那一句：「讓我在上面好嗎？」

然而，這句問號所以撩人心思，主要也因為我們對男女做愛的體位有一點基本概念，已經有過經驗的時時複習，少男少女懷著熾熱的心時時想像，難怪一點就通，「讓我在上面好嗎？」還有個笑話說，以前男孩跟女孩求婚時說的是：「親愛的，妳願意嫁給我嗎？」現在則要改成：「親愛的，妳願意每個晚上都跟我保持這個姿勢嗎？」不過，每次都是同樣的姿勢難免使人彈性疲乏，久而久之俊男美女也會變成槁木死灰，一不小心就從床上跌下來，你儂我儂，連誰在上面都搞不清楚。

更體貼一點的說法是，男上女下的傳統姿勢做久了，除了要承受「缺乏創造力」的說法（不過，到底有誰會知道你們辦那回事時的姿勢呢？）外，夫妻間的關係多少也會流於單調，淪為曠男怨女的候選人。

選擇到正確的做愛體位，幸運的話，也能讓冷感的女人達到高潮，讓性無能的男人像廣告宣稱的那般，恢復昔日神勇；同時，過度肥胖、懷孕在身、背痛、男性的性具過小或是初嚐雲雨經驗的男女，我們也建議他們慎選體位，好好的做一次愛做的事。

初嚐性經驗，建議還是採用男上女下的傳統體位，第一次最好還是慢慢來，特別是女性的處女膜曾因運動或其他理由破損時，第一次行房通常都會帶來痛楚，男性應特別溫柔、謹慎。

想要在性交中受孕，建議採用女方將雙腳膝蓋靠在男方肩膀的姿勢，豐滿一點的女性也可藉此讓陽具充分穿入；男性由女性後方進入（通稱為「後庭花」姿勢），也不失為較有效的方法。

陰道部位較緊阨的女性，可適用坐在男性上方的姿勢。性學專家治療男性性無能、早洩，也常使用這個姿勢，而治療女性冷感時，也常從這個姿勢入門。在這個姿勢後，專家也建議緊接著採用雙方側躺面對面的姿勢，這個姿勢極易讓女性產生不自主的臀部動作，幫助女性達到高潮。側躺面對面的姿勢，在高矮配，或是當某一方較年老、疲累時都有用，是一個頗受好評的「非傳統」姿勢。高腳丈夫娶到玲瓏老婆，二八佳人嫁給耄耋老翁時，先不要埋怨自己命壞，試試這個姿勢看看。此外，側躺男方由女方後部進入的姿勢，男性不必「挺」得太高便能輕易進入，頗適合這方面有障礙的人輕「挺」過關。

這些姿勢雖說都相當實際，但我們仍須強調，做愛是非常非常個人的事（不相信，我也沒有辦法），某些姿勢、體位或許還要靠你自己發明，這種事也請不要掉以輕心；只要想想我們受過性教育啟迪的後代子孫，指著某個姿勢圖說：「我就是這樣來的。」就知道這件事的重要性了。（請參考文後所附姿勢圖）

八種性愛姿勢圖

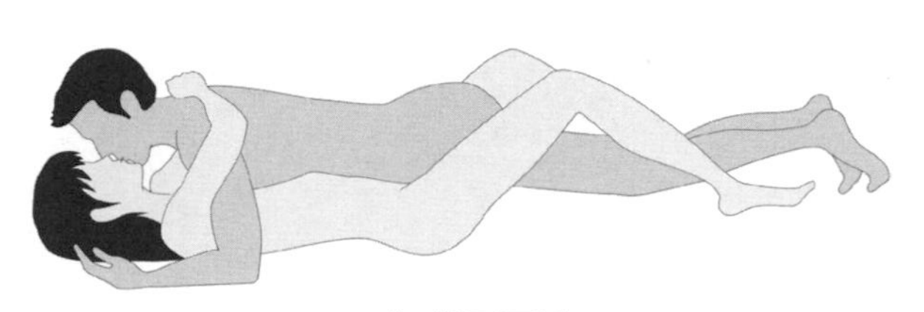

1.初嚐雲雨情

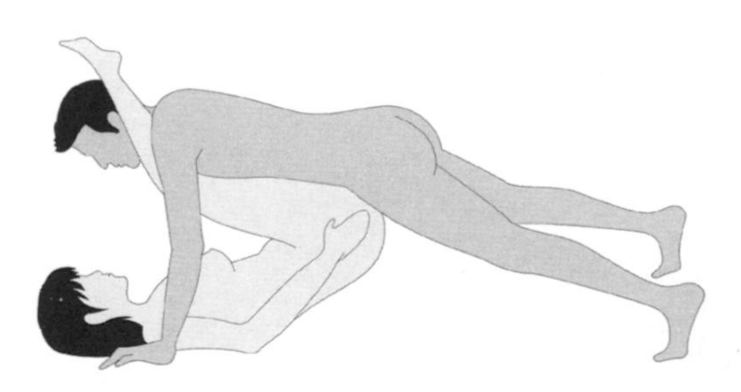

2.適用於肥胖女性求子姿勢

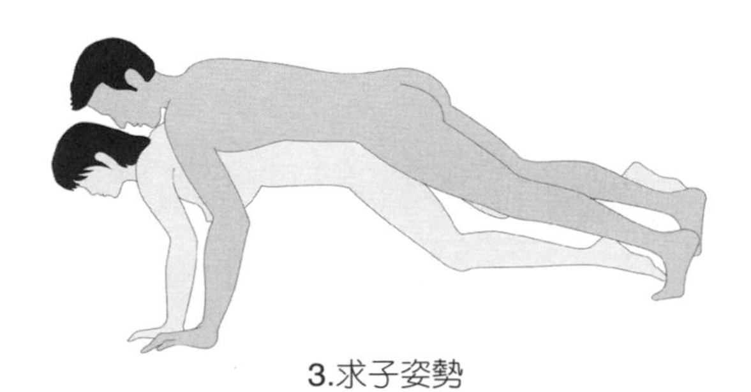

3.求子姿勢

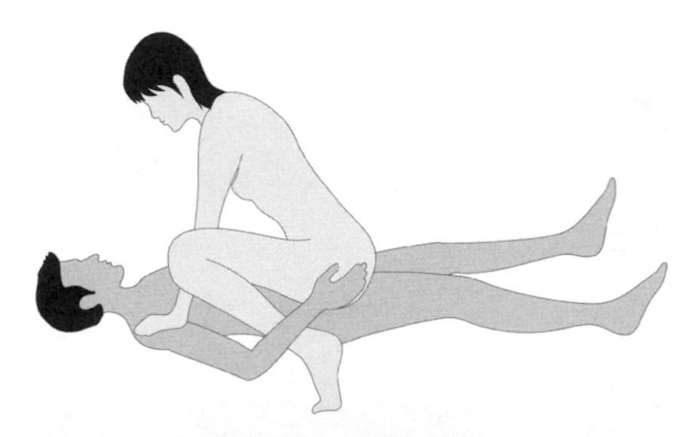

4.適合女性陰道較緊時

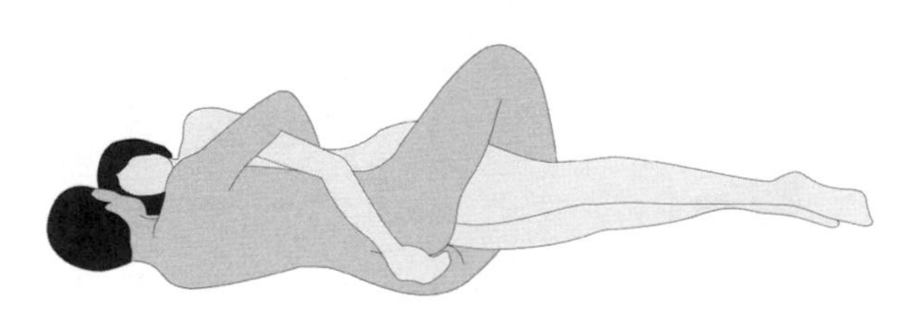

5.高矮配

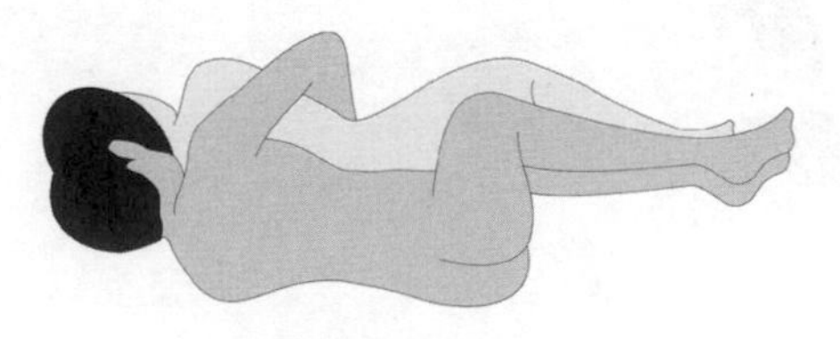

6.男性勃起有困難時

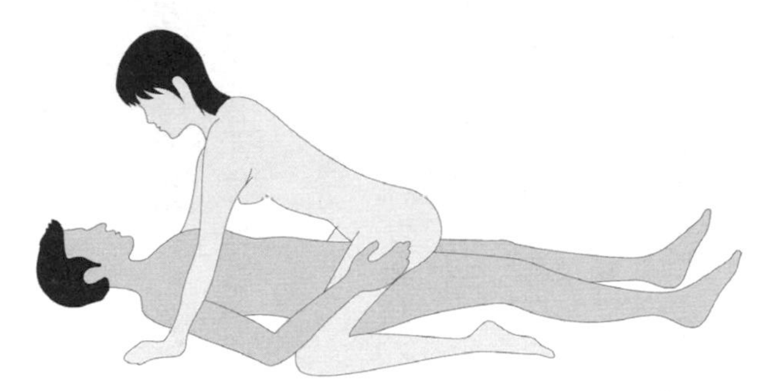

7.治療性無能、早洩

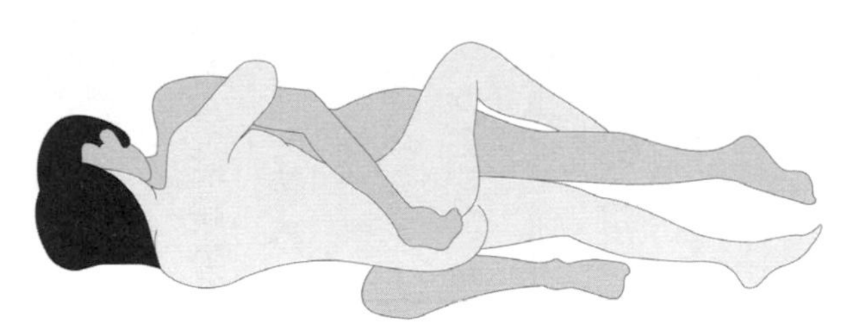

8.有助達到高潮

後庭花體位

性學專家主張，「後庭花」體位至少能讓男性插得更為深入，女性的性器官部位也能因此得到更為舒適的觸感。

從上世紀八〇直到九〇年代，愛滋病（AIDS）彷彿是十九世紀流行過的黑死病。人人談愛滋病而色變，先是同性戀遭到譴責，連帶地也由於男同性戀在「性愛接觸」時多半採用由後進入的體位姿勢，使得「後庭花」（Rear-entry positions）體位成為千夫所指，和「愛滋病」間的關係很不清不白。

其實，在所有的哺乳類動物裡，大概只有人類會這樣想，因為其他的哺乳類動物在進行傳宗接代時，都只會採用「後庭花」姿勢，這是不是人類所以身為萬物之靈的原因，不得而知。但是，性學專家則主張，「後庭花」體位至少能讓男性插得更為深入，女性的性器官部位也能因此得到更為舒適的觸感。在懷孕或是有背痛毛病者的身上，「後庭花」姿勢也能適當地解決他們的難題，但它的缺點是行房時男女兩人無法看到對方的臉，在某些姿勢裡，兩人的身體接觸面積也會比正面的做愛體位還少。

「後庭花」姿勢還可分為跪著、坐著和站著三套，而以跪著，男方從後面進入為最多見。不過我們可注意到男方後傾以手撐地，女方向前俯的姿勢將使他們較缺乏身體接觸，不過卻適合有背痛的人採用。此外，坐在椅上的體位也可減少背痛發作，如果想躺在床上進行，多多少少都會難逃痛感。

懷孕的女人在前三個月裡還能享受性愛，但前提是採用的姿勢不能壓迫到腹部，至少也須由女方控制穿入的深度。建議的姿勢包括：

1. 雙方都用膝蓋跪在床上，男方由女方後面進入，但切忌過度深入。

2. 女性靠著床緣仰躺，雙腳伸出床外由男方在床邊進入，如此可避免直接在腹部加壓，即使肚子已經很大了也仍適用。

3. 男方面對面抱著女方坐在椅上進入，由女方控制穿入的深度。

用前述的角度看待「後庭花」姿勢，當然絕不能武斷地認為它就是傳統愛滋病的管道，只要不要太用力或是不小心進錯洞，它也可以是夫妻恩愛時的另一種選擇。「後庭花」也是考驗男性是否溫柔的姿勢。（請參考文後所附姿勢圖）

後庭花體位姿勢圖

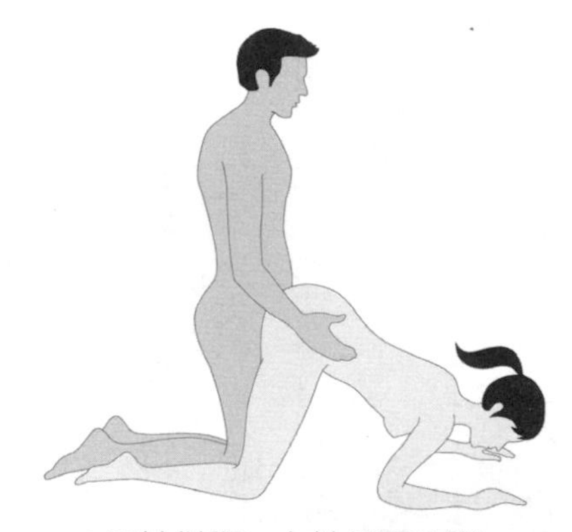

1.男性併腳，女性低頭分腳。

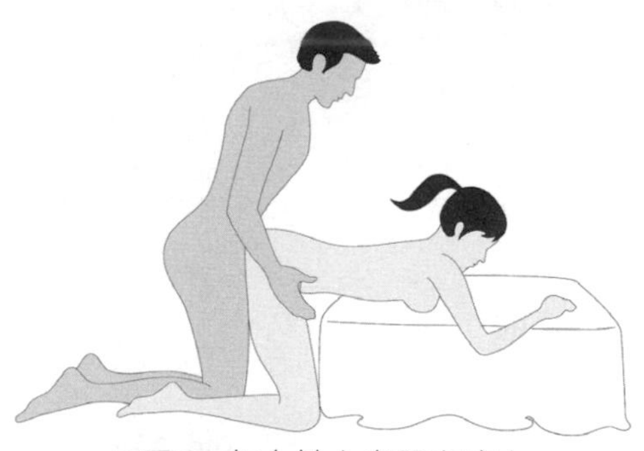

2.同1，但女性上身趴在床上。

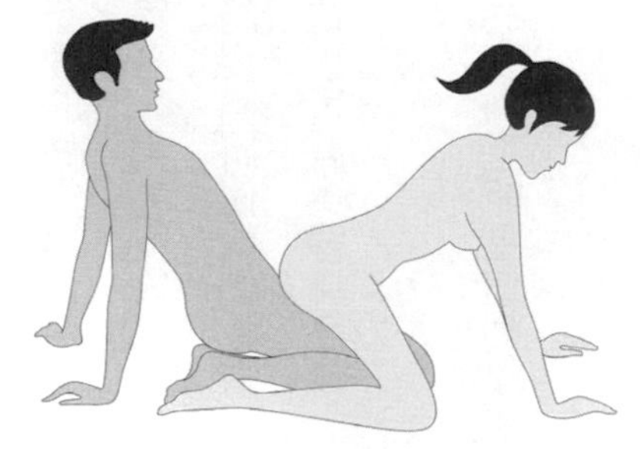

3.男方後仰，女方前俯。

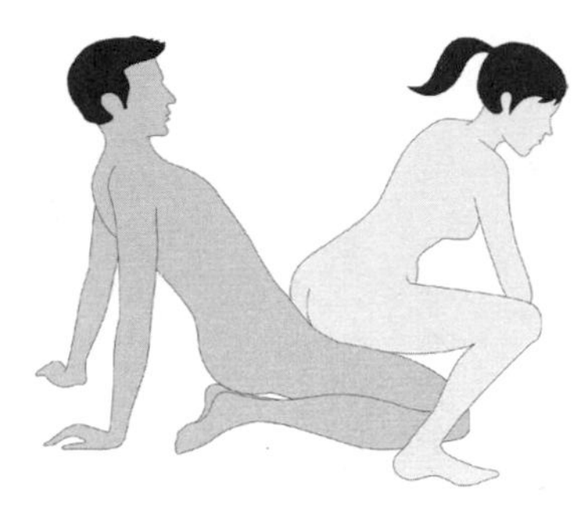

4.男方跪姿以雙手支起上身，女方屈膝蹲坐男方身上，雙方需輕輕抽動，以免造成陰莖骨折。

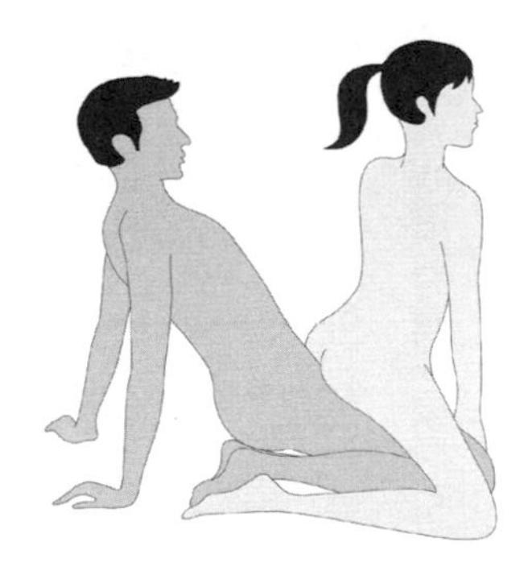

5.同4，但女性以跪姿雙腿夾住男方。

69體位

「69」一般可分為「男性為女性服務」和「女性為男性服務」兩種，如果兩者一齊上，那個畫面就真的像極「69」了。

所有阿拉伯數字組合而表現出某種特殊意義者裡，69可能是其中最不適合用國字表示的了，就好像梵谷的畫絕對不宜改畫水墨。69這對近似象形和會意的數字組合，如果改成「六九」或「陸玖」，就不會有人看得懂意思了。

「69」指的是什麼？過來人早就抿著嘴巴偷笑了，它當然不可能隱射兩尾正在鬧意見的蝌蚪吧。據說當初發明用「69」來表示那回事的，正是浪漫的法國人，不過在法國人的體位排行榜裡，「69」雖是種常用的體位，但仍屬不很公開的那種，法國電影「憂鬱貝蒂」（Betty Blues）裡，貝蒂曾經向她的男人試過這個姿勢，最後竟被劇情描寫染上歇斯底里症，真是情何以堪。

跟「69」有關的電影不少，那些為了性愛而性愛的三流片就不談了，最有名的像「深喉嚨」，那個琳達夫人的生理構造特異，敏感帶竟然是在喉嚨，整部片子就在描寫男人如何用盡各種辦法（說穿了也只有一種辦法），讓這位琳達夫人達到高潮，這部電影在美國上映時居然轟動新大陸，票房直線上升，使得上世紀七〇年代美國獨立片商猛拍鹹濕片，讓觀眾看得倒盡胃口才罷休。

但是，在性學專家的理論裡，「深喉嚨」的方法並不被稱許，因為在這種情形裡，通常都是男性得到好處。「69」一般可分為「男性為女性服務」和「女性為男性服務」兩種，如果兩者一齊上，那個畫面就真的像極「69」了，其中使用到的技巧包括吻、舔、吸和在「女性為男性服務」裡特別用到的「含根而沒」。

根據目前所得到的研究資料顯示，女性非常容易藉由「69」達到高潮，然而雙方都必須特別留意清潔問題；此外，男性常會擔心吞下的一些「汁液」是否對身體有害，目前的研究已證明絕無副作用，敬請安心。

「69」這回事，在中東、非洲和部份東南亞國家裡似乎還被視為禁忌，但他們似乎講不出這個禁忌的具體依據，當然法律裡也不可能規定已婚男女不能「69」，只能說是古老社會裡頭冥頑不靈的陽具禁忌。

關於「69」，台灣還有個笑話，「六合彩」流行時代，有一對夫婦前去求明牌，得到的指示是：你們昨天晚上做的事。結果夫婦簽的是「44」，居然槓龜，原來正確答案就是「69」。

仿動物的體位

由於這些模仿動物的性愛招數，使他們的生活不致味同嚼生肉，人類傳宗接代的任務才終於完成。

現代的文化模式，有哪些是從遠古即流傳下來的，還需要多做考古研究，但我確信「性愛」這件事絕對是幾百萬年前就開始有了，否則那些北京人、山頂洞人如何傳下人種？

當一個山頂洞人從溫暖的洞穴裡走出來狩獵，無意中看見老虎在野地裡交媾，這給了他一個很好的靈感，回洞後立刻跟他無名有實（那時還沒有人愚笨到發明「婚姻」）的妻子有樣學樣的做了一次；由於這些模仿動物的性愛招數，使他們的生活不致味同嚼生肉，人類傳宗接代的任務才終於完成。幾百萬年後有些台灣讀者看犯罪新聞時感嘆一句：「人『性』通獸『性』」。那才真的是後知後覺。

聖經裡說亞當和夏娃要吃過蘋果、被逐出伊甸園後才懂得做那一回事，但偉大的聖經並未提及伊甸園裡的百獸是否也吃蘋果，站在生物皆平等的立場，我始終寧願相信百獸都吃過蘋果才開始懂得那回事，只是那時的蘋果也太好銷了一點。

中國人的創世紀神話裡並沒有蘋果，共工、女媧、神農等神仙好像都不愛吃舶來品，不過中國人的床笫生活倒真的常向老虎、鶴、兔子、魚、螃蟹、牛等動物借靈感，幸好他們還不至於「以蟑螂為師」呢。但龍、鳳這幾式性愛套招，應該不是「模仿動物」就解釋得通，我想古代俗民生活文化裡，龍與鳳凰的昇華意義絕對超過我們的理解程度。一對貧困百事哀的夫妻努力做著龍、鳳的姿勢，心裡盼望「龍式就生龍子，鳳式就生鳳女」，應該是當時的一種民俗優生學觀念，而模仿老虎、兔子、鶴等動物，無非是取這些動物的威猛和靈巧。我們也不禁為那些採用老鼠或母牛姿勢的夫妻捏把冷汗。

要介紹這些仿自動物的性愛姿勢，首先當然從最尊貴的龍鳳開始：

1. 龍轉頭：女性仰躺在床上，男性在女性上面，但男性的雙膝是靠在床墊上的。

然後採用「八淺二深」的方式緩慢抽動，理想上男性的器官要在未完全充脹時即進入，而在仍然挺舉時抽出。經常如此練習，據稱可以百病不生。

2.鳳展翅：顧名思義，這個姿勢有點像是鳳凰展翼，也有些像是英文字母V；女性仰躺，抬起腿頂住男性的胸部；男性坐著，用雙腿「包」住女性，然後用雙手往後支在床上，採用「三淺八深」的方式進行運動。

3.兔啜耳：男性仰躺，兩腿伸直；女性背對他，跨坐在男性上面，但女性的兩膝要在男性的雙腿外面。

4.鶴交頸：男性坐在椅上或床緣，女性面對且坐在他的腿上，由此姿勢進入。女性用手抱住男性的頸部，男性的手可以扶住女性的臀部，幫助女性上下運動，在女性達到高潮前，男性必須設法守精。

5.虎交尾：這是典型的「後庭花」姿勢，也是所有模仿動物的姿勢裡最為形肖的一種。女性用手和膝蓋趴在床上，頭放低臀部舉高，男性從後面進入，採用「五淺八深」的方式。

其他魚、牛、螃蟹等的姿勢就等而下之，不必一一介紹，倒是螃蟹式真的就是要女方擺出橫來的姿勢，再讓男方由體側插入，趣味性相當夠。採用這些動物姿勢，其實也不必真的在意像不像的問題，但求它的新鮮創意和古書裡強調的強身功能。「指月錄」裡的公案說用手指月，求的是月還是手指？我們或許也可以發問：以動物為師，求的是人「性」還是獸「性」？

肛交

任何姿勢也許天生並無對錯，只是施行肛交姿勢時的心理態度和代價，卻使我們必須「望肛三思」。

在我撰寫性愛專欄期間，曾接到許多讀者來信，提出他們在房事和性愛健康方面的問題，希望能在專欄裡獲得解答，但限於篇幅，無法一一答覆，希望讀者要是自覺問題嚴重，還是先就教醫生專家。

倒是某位女讀者坦白的來信，讓我頗感興趣。這位讀者說她喜歡「肛交」甚於正常姿勢，懷疑自己是否正常？記得前文我們曾經介紹過一種從後面進入的性愛姿勢叫「後庭花」，但「後庭花」最後進入的終點仍是那個正常的腔道，而「肛交」卻意指男性的器官挺進女性的肛門內，這是較罕見的性愛姿勢，說不定許多夫妻結婚幾十年都沒有嘗試過。

從生理結構來看，女性體內相當於男性的前列腺部位，有一個小小的子宮頸，和肛門間僅隔著一層薄膜，如果子宮頸長得太靠近肛門，也許就會是某些女性喜歡肛交勝過正常姿勢的生理原因了。

但是，從印度瑜伽和中國道學傳統的立場提出警告，歷史上好像除了回教文化外（但穆罕默德曾譴責此種行為），所有宗教都視「肛交」為不正常。一一一八年左右，在耶路撒冷組織的一個基督教秘密團體「聖堂武士團」，據說就因為在他們的秘密儀式裡有類似「肛交」的活動，幾世紀以來遭到許多基督教徒的冷嘲熱諷，而這項「肛交」的儀式，更據傳是一名武士遭土耳其人逮捕時，從獄中學來的。這可能是東方文化西傳史裡，最難耳聞言說的一章。

印度和中國基本上也是從健康方面反對「肛交」，至少這項姿勢會損傷肛門括約肌，喪失元氣，由此產生消化系統的毛病、便秘、大便不正常，甚至直腸癌，都是極有可能的。而且，肛門附近原本就是病菌集散地，如果肛交時破壞細胞組織或僅是刮破皮膚，就會造成不幸的感染意外，得不償失。

其實，肛交的姿勢與完成，背後隱含的文化結構，往往就是妻子的甘於臣服和受降，加上一個頤指氣使的丈夫。女性是否願意接受這種文化指涉，或許是另一回事，但「肛交」時女性心中的害怕、屈受，和肉體的痛楚卻也是不爭的事實。奇怪的是，這種「害怕恐懼」的感覺經常又能將女性引向忘我的快感顛峰，像是明明害怕坐雲霄飛車的昏眩感卻又樂此不疲。但是，任何姿勢也許天生並無對錯，只是施行肛交姿勢時的心理態度和代價，卻使我們必須「望肛三思」。這位女讀者，如果貪愛肛交時的昇華快感，或是僅想在平淡的性愛生活裡增添變化，應該還有其他選擇。

第三章 性冷感與性無能

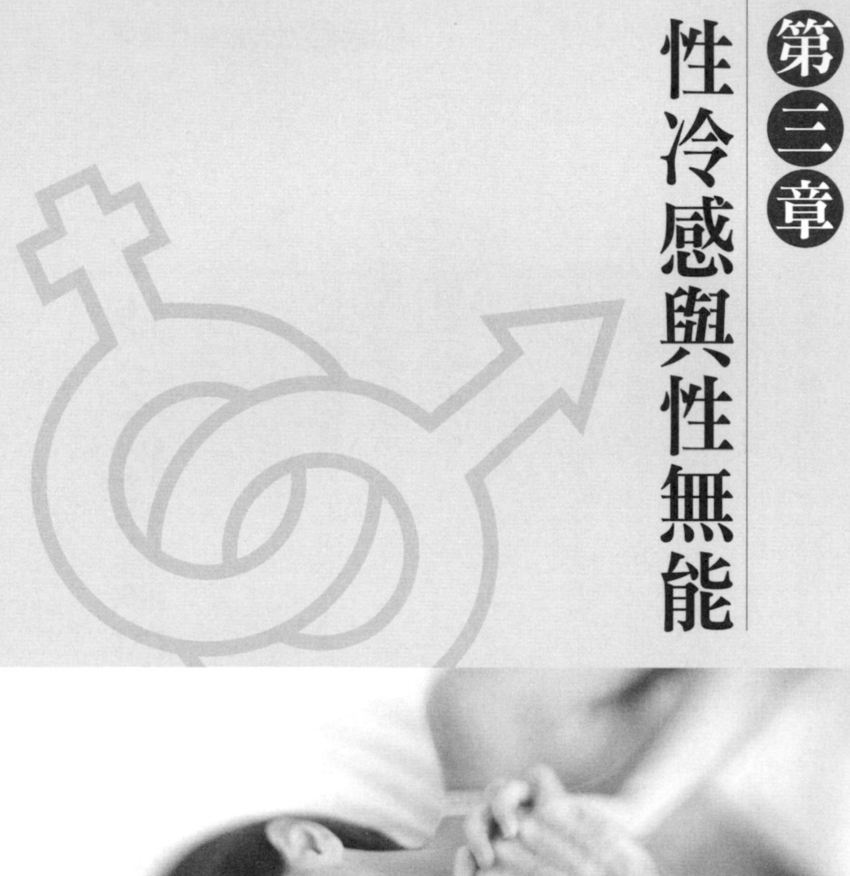

缺乏性知識的後遺症

如果一個民族文化從小就灌輸兒童「性器官是骯髒的」、「裸露的男體、女體是恥辱的」這種想法，這才是民族性朝向自卑、病態的一個基本原因。

長庚醫院「性機能聯合諮詢治療門診」曾經對外公布，在門診的兩千對夫妻裡，有五十幾對結婚多年仍不知道如何正確做那回事，有些人擔心自己是否「不孕」才上醫院求診，結果一經詢問，很多人根本連姿勢都擺不對，更不要談「撞桿入洞」了。根據長庚醫院的醫師提到，這些嚴重缺乏性知識的案主，還有人在國、高中擔任教師，如果要靠他們向下一代傳授性教育，說不定中華民族會有「絕種」的危機。

從這條新聞裡，我們當然可以得到國人缺乏性教育的結論，但這種結論其實是於

事無補的，因為，目前我們推廣的性教育，還是著重在教導成年人學習、應用某些性知識，頗為工具性。我並不相信在這個性資訊瀕臨爆炸的時代裡，男、女性要在洞房之夜前才開始惡補「我是泰山，妳是珍」，學習、互相「摸索」一陣後，泰山終於懂了，據說他就是在那個緊張的時刻學會如何吼叫。莫非從此以後，每當珍「需要」的時候，她就附在泰山耳邊，說：「親愛的，今晚要不要吼叫？」

我很佩服中國人對「性」這回事超高的領悟力，經過長長的童年、青少年、青年前期對「性」的封閉和禁鎖後，他們必須無師自通、舉一反三，現在通行全世界的許多性姿勢都是中國人發明的呢。其實，性教育也包含我們對身體的批判和態度，如果一個民族文化從小就灌輸兒童「性器官是骯髒的」、「裸露的男體、女體是恥辱的」這種想法，這才是民族性朝向自卑、病態的一個基本原因。

根據外國的研究，如果我們以打罵、污辱的方式阻止孩童對「性」建立起健康的態度，讓孩童心理留下不潔的陰影，長大後他就可能是性無能的候選人。長庚醫院從門診病人得到的統計數字是，一．六%的女病人傾訴有性問題，男性則高達一〇%以上，如果參照國人性觀念封閉的情形，這個數字恐怕是低估了。像美國這樣性觀念相對開放的社會，就有超過一半的已婚人士承認曾有性困擾；至少四分之三的心理疾病患者遭受性問題襲擊。

性問題也不單單只是插不進去、沒有高潮、挺舉不起來或找不找得到G點而已，當然也有生理方面的性問題症狀，但多數的性問題都有心理方面的根芽，如果嚴密的追蹤個案，多半會發現他們的童年就被傳授、灌輸、形成了錯誤而病態的性態度。說起來很多人都是「性是髒的」這個教條下的受害者，現在這種觀念還是分解、擴散、磐石穩固的成為許多臺灣人成長經驗裡的一部分。然而，「健康的性事」絕對不等於「色情」或「性氾濫」，可惜許多抱持道德教條的觀念守舊者都分不清楚。

最讓我們瞿然而驚的還是，夫妻性生活的挫敗，很可能延伸到其他非性生活的層面，家庭的其他成員、兒女都籠罩在這個風暴裡，導致家庭破裂或離婚的慘劇，但許多新愁舊恨夾纏在一起，已讓我們無法冷靜的觀照事情的本相。

根據調查，即使察覺有性問題，很多人也是寧可自力救濟，相信吃藥、看看情色影片、性學叢書，問題就可迎刃而解；即使願意上醫院看門診，他們還是傾向一個人前往。但大部分的性治療師都會強調，在互相有承諾（如婚姻）的關係裡，如果任何一方出現性問題，那就是兩個人的事；麥斯特和瓊森夫婦更主張夫妻必須合作，謀求解決只出現在某方的性問題。

談了這麼多的性問題，有時候會覺得只是紙上談兵；如果有這方面困擾的人無法踏出尋求解決的第一步，只好等這個挫敗的感覺，從原屬於兩個人的床褥慢慢蔓延，直到他也成為某醫院門診裡的一個統計數字。

男性性無能

身體性性無能者或許須靠藥物或手術治療，但另外那九〇%的心理性性無能者，或許只需要一些心理建設。

本文要談的是很多男人有的，或是恐懼他們會有的性無能（Impotence）毛病。儘管問一百個男人，大概就會有一百個人否認有此隱疾，但是藏在報紙分類欄的許多廣告，卻多少暗示這個問題的嚴重性，這些廣告的訴求實抄錄如下：「名師專治壯陽持久房中秘訣——敏感早洩陽萎腰酸性神經衰弱，超級持久重振男性雄風魅力。」我知道有很多男人偷偷看這些廣告，連老婆都瞞著。

但是，這些廣告的訴求重點，顯然都將性無能的問題歸結到「身體化」的因素，其實，根據國外性學研究，只有一〇%的性無能出自生理因素，包括出生時中樞神經或性器受損。某些疾病，或是荷爾蒙分泌失調、酗酒、過度服用亢奮藥品、過度疲倦，甚至是營養不良，都極有可能造成性無能。

其餘九〇%的性無能則出自心理因素，而最主要的因素是「害怕失敗的壓力」。其他還有「不喜歡性伴侶」、「不喜歡性」等。有些女性童年時曾有過不愉快的與性有關的經驗，連帶也會導致作為她的性伴侶的男人無法達到高潮，這些男人只有靠自力救濟或是出外打野食了。

目前發展出來的性治療學說，對於性無能的男性可說頗有療效。例如我們常提到的麥斯特和瓊森夫婦就在一篇臨床研究裡提到，七〇%「暫時性性無能」的男性可以痊癒，而「永久性性無能」男人的治癒率也達六〇%。

身體性性無能者或許須靠藥物或手術治療，但另外那九〇%的心理性性無能者或許只需要一些心理建設，這也是近幾年來性治療學派所強調的重點：男性可以在性愛中享受親密的身體接觸，但不須憂慮對方是否能夠達到高潮。因為這種心理上的負擔，才是造成男人性無能最主要的原因。

從這個觀點看，那些晚飯過後在房間裡偷偷翻閱「壯陽秘訣」廣告的男人，可能都只是想在林林總總的廣告文字和承諾裡，尋找一個心理的對照而已，可惜克服問題的秘訣不是服用什麼藥物，動什麼手術，而是勇敢的做自己。

男性性無能的原因與治療

先要讓男人完全免除「如果無法舉起，讓對方達到高潮，怎麼辦？」的恐懼，要男人相信做愛是一件心想意隨的快事，不一定非要達成什麼目標不可。

在一部熱門的電視影集裡，有一位律師曾經接受「性無能治療」（Impotence therapy）。結果律師的毛病不但痊癒了，他還愛上了這個美麗的女治療師，女治療師卻當頭潑他冷水，說：「那是我的工作，和私生活無關。」至於性無能治療的內容為何，嚴守分級制的電視影集當然不會真的透露太多，緊要關頭就一筆帶過。

其實，近幾年在美國本土頗為盛行的性無能治療，也須「對症下藥」。因為即使「性無能」一詞，也可分為原發性性無能（Primary impotence）和續發性性無能（

Secondary impotence）兩種。原發性性無能指的是那些從來都無法「挺起」的男人，他們有些是多年的同性戀，有些是小時候曾對母親有過性幻想，有些則是第一次經驗時讓他們造成驚嚇的印象，從此一蹶不振。例如一些少男第一次經驗就是去嫖妓，而那種「非人」的性交經驗，往往讓他們日後無法人道。

造成續發性性無能的因素就較為複雜了。最常見的理由是，男人常常太快達到高潮，但他的女伴侶卻仍未「發動」，經過女方多次抱怨後，男人「害怕失敗」的心理反而促使他真的「失敗」。酗酒是第二個應被歸罪的因素，男人喝酒據說是為了要鬆懈身心，但酒精湧上來後的作用卻常使他們無法完成床笫之事，他們恐懼、害怕「自己怎麼不行了呢」？而需要尋求更多的酒精慰藉，形成惡性循環。

擁有頤指氣使的母親或父親，是造成續發性性無能的第三個因素。一個男人如果心理上與他的母親有不正常的親密關係，結婚後他的潛意識裡還是會把太太當成媽媽，心裡面抗拒與太太行房。此外，過度壓抑性慾的宗教信仰，內心裡同性戀和異性戀情結間發生衝突，或是錯誤貧瘠的性教育，都可能反映到當事人的性能力上來。

針對上述的因素，性無能治療法信奉的仍是「一舉天下無難事」的信條，治療過程裡，女治療師（最好就是那位男當事人的太太）先要讓男人完全免除「如果無法舉起，讓對方達到高潮，怎麼辦？」的恐懼，要男人相信做愛是一件心想意隨的快事，不一定非要達成什麼目標不可。

他們心無負擔地撫摩對方的性器，這時如果男人的那話兒有反應，就讓它消腫。經過十天左右的撫摩練習，他們才開始試著結合，採用的體位是女性在上面的標準姿態，由女性控制動作，如果那話兒變軟了就再試一遍，直到男方挺舉進入無礙後，再由男方負責抽動。

這就是一般最常見的性無能治療過程，重要的是雙方須一直保持鬆懈的心態，不要讓前十天培養的放鬆心情，在臨上陣時卻又前功盡棄。

從上述電視影集的情節描述裡，我們看到那位律師接受的治療也是大同小異，難怪後來他會對那位女治療師動了情，一個女人有辦法讓你重振雄風，想不愛上她也難；而女治療師大概不堪其擾了，才會堅持「工作歸工作，私生活歸私生活」。臺灣目前這種專業女性治療師的行業應該還不普遍吧（那些地下行業就別提了），建議那些寡人有疾的男性讀者有意遵行，還是找自己的太太。

女性性冷感的原因

根據美國心理學界一份施測一千個性冷感女人的研究顯示，二〇．三%的受試者認為「做愛太痛」，一七．八%的受試者認為「性是一件很髒的事」，她們的性態度也許是來自幼時過度壓抑的家庭和學校教育，讓她們日後即使與丈夫上床也懷抱著恐懼和罪惡感，降低（或全然消音）了性生活的樂趣。

咒罵女人最惡毒的字眼，據說就是將她們形容為「馬桶」或「公廁」，人人都可上那裡發洩；這個字眼也隱約將女人比喻為冷感的動物，否則，難道曾有人問過馬桶的感覺嗎？「馬桶」的罵法雖然荒誕，但要知道即使就在一世紀前，女人連投票權都沒有，更談不上有人會關心女人做那回事時是否能達到高潮了。那時候女人的地位就是操家持室、承受雨露、生小孩。即令現今，某些社會也不注重女性的性心理，學者指出，患有性冷感的女性如果生殖器一再充血，卻無法經由高潮獲得紓解，她們的身心將遭受雙重的損傷。

前文曾經談論過男性的性無能問題，有時候這也是女性無法達到高潮的原因。但如果問題出在女人的生理上，如出生時生殖系統受損、荷爾蒙分泌不均、生殖器官受傷等都是可能的因素；酗酒、濫用藥物的女人，承受過重心理壓力的女人，年事已高的女人，都是性冷感鍾愛的族類。

但是，對丈夫的不滿，可能是目前所知已婚女性性冷感的最主要因素。他們的婚姻只是個錯誤的開始，結婚後她才發現丈夫是個自私、冷酷、毫無魅力的人，有些女人會結婚，只是因為這個男人和她真正喜歡的男人有些相像而已，但贗品終究不能取代真實的愛，結果她就用性冷感回應、報復這樁錯誤抉擇的婚姻。

根據美國心理學界一份施測一千個性冷感女人的研究顯示，二〇．三％的受試者認為「做愛太痛」，一七．八％的受試者認為「性是一件很髒的事」，她們的性態度也許是來自幼時過度壓抑的家庭和學校教育，讓她們日後即使與丈夫上床也懷抱著恐懼和罪惡感，降低（或全然消音）了性生活的樂趣。

一一・七%的受試者抱怨她們的男人無能；一〇・二%則擔心懷孕，使她們對性愛失去興趣；另外四〇%的受試者無法歸納出一個具體的原因，有人提到陰道口太窄，有人說她有「陽具恐懼症」（Penis phobia），有人承認自己是女同性戀等等，不一而足，但據此歸納可得到一個結論，那就是女性「性冷感」的原因要比男性性無能複雜得多。

女性性冷感的療法

刺激技術針對的是用尋常方法已無法激起任何感覺的女性，集中感覺治療法則希望讓女性集中感覺在最應該注意、撩撥的部位上。

我接到一位女性讀者的電話，她想要更加了解「什麼情況的問題需要什麼樣的治療方法？」，以及「臺灣有哪些醫生擅長治療性冷感？」，這些問題老實說我都不知如何回答，她在電話那端嘆一口氣，就掛斷了，從此再無她的消息。

這件事或許是個特例，但裡面卻反映了一些臺灣女性處境的事實：臺灣是個相當壓抑性驅慾和忽視性問題的社會，尤其是報章雜誌充滿各種為男性服務要「重振雄風」的廣告，但女人好像還不太被容許「擁有」或談論這類性問題的權利。這方面，怎麼從未看到女權主義者出來鼓吹兩性平等呢？

關於女性性冷感的治療技術，我們且介紹刺激技術（Stimulation techniques）和集中感覺治療法（Sensate-focus therapy）。刺激技術針對的是用尋常方法已無法激起任何感覺的女性，集中感覺治療法則希望讓女性集中感覺在最應該注意、撩撥的部位上。

刺激技術包括由男人輕柔地愛撫，並尋找出對方最敏感和觸摸時最舒服的部位，即使休息時由男人輕聲在她耳邊表達愛意，也能讓女人產生激情的反應。

身體的刺激外，想像的刺激（sexual fantasy）也能讓某些性冷感的女人進入狀況，兩個人不妨一起閱讀些有性愛描述的書籍雜誌或影片，或是一起談些性愛的話題，構成一個融揉羅曼蒂克與肉慾的氛圍，為後面的事做準備。

有些女人雖然能夠被「喚起」（aroused），但性敏感程度比一般女人差，如果使用俗稱為「郭先生」的電動振動器（為什麼稱為「郭先生」，不要問我），據說「不無小補」，其他的刺激方法不勝枚舉，但奉勸女性都試試看，才能從中找到適合自己的方法。

集中感覺治療法是由麥斯特和瓊森夫婦發明的。進行時，男女雙方先裸身坐在床上，男性雙腿分開，坐在女性後面，女性可用手控制男性的性器，慢慢進入她的裡面，由於女性可以控制進入的速度和強度，當她感覺不適時便能隨意調整。然後，採取女上男下的姿勢，男性保持在裡面暫時不要抽動，由女性按著自己的感覺慢慢動起來，然後，她也可以要求男性加入這場動作。

集中感覺治療法的最後步驟，是由女上男下的姿勢換成兩個人都躺下來，女性的胃部、胸部、膝蓋都可以得到休息，這個姿勢有助於產生不自主的臀部動作，使兩個人更容易同登仙境。

男性性焦慮

隨著日增的「表現焦慮」，性事對男人而言，等於是辦公室外的另一個戰場、另一項工作、另一種責任，害怕都來不及了，當然談不上喜歡或享受。

每隔一段時間，我們的社會就會對「嫖妓」這個最古老的行業，痛加撻伐一番，曾有幾個基金會和民間團體紛起討伐「雛妓」，要求還給民眾一個清新的居住環境和社會，唾棄嫖雛妓的男人是社會的共識，但要解決這個問題必須痛下異常的決心。

在這樣的「反色情污染」運動裡，男人（包括那些嫖客族）通常被賦與「為達成性慾滿足不擇手段」的「刻板印象」，這種刻板印象卻曾經被美國心理學界的研究所推翻。心理學家珍納．吳爾芙認為，兩性性角色裡，如今卻是男方對性事表現出冷漠，或焦慮的態度，焦慮我們可以理解，男人一直都有「害怕臨場表現失常」的心理症狀；冷漠，那就要想一下了。

珍納．吳爾芙根據婦女雜誌的調查提到，將近四〇%的女性抱怨，她們的伴侶在性方面失敗、不舉，過去這總是被視為永遠處於「飢餓狀態」的男方才會有如此抱怨。這種現象引起珍納．吳爾芙的關注，她寫了一本名為《當他頭痛時，怎麼辦？》的書，這本書不能視為純粹醫學常識的書籍而已，歷來，「頭痛」就是丈夫最常用來逃避性事的藉口。

在這本書裡，珍納．吳爾芙歸納了幾個「男性性冷漠和焦慮」的可能成因。說來這也要怪近十幾年來性教育意識抬頭和性學書藉充斥，什麼O點、G點，女性比她們的上一代更加瞭解自己的生理結構和性滿足的能力，她們也較不願意接受無法配合她們的男性。男人也越發感覺到「表現」的壓力，他們乾脆就逃掉性事，免得事到臨頭，還要讓身邊不滿意的女人迭聲抱怨。隨著益增的「表現焦慮」，性事對男人而言，等於是辦公室外的另一個戰場、另一項工作、另一種責任，害怕都來不及了，當然談不上喜歡或享受。

怎樣把男人們重新喚回來呢？吳爾芙建議，「情感的忠誠」對大數男人不是容易的事，但男女雙方還是要致力於此事，才能讓「身體的忠誠」也成為事實。

同時，也可為兩性設計、介紹一些非關性事的身體接觸，例如握手，同時讓男人知道這樣的接觸也可以是一次輕易而愉快的經驗，然後再晉級到更多、更完整的身體接觸。

曾經有人說「要安撫男人的心，先要收服他的胃」，這個道理應也同樣適用，要讓男人重回臥房，不要一開始就用挑剔的語氣和嚴苛的標準，讓他們懼怕。

男性需要割包皮嗎？

雖然醫學證實割過包皮後，那話兒會較以前粗大、較敏感，但為了性能力而割下那一刀，心態豈不和所謂的「入珠」一樣了，值得研究。

關於「割包皮」這件事有許多種譬喻。有政治企圖心的人將它拿來形容「突破政治禁忌」；形而下之的還可做為個人宣示與舊習性決裂的象徵，真是好用。不過，「割包皮」總算是一件相當隱密的行為，而且還常跟「提高男人性能力」產生高度的聯想，雖然醫學證實割過包皮後，那話兒會較以前粗大、較敏感，但為了性能力而割下那一刀，心態豈不和所謂的「入珠」一樣了，值得研究。

在古代的埃及、猶太或是回教地區，割包皮是男性成長的儀式。西元前二千五百年的埃及，「割包皮」可是貴族才能享受的權利；猶太人則把「割包皮」視為與耶和華的契約，以及男人進入這個苦難世界的開始。奇怪的是，在東方如印度、西藏、中國幾個古文明地區，卻很少發現拿「割包皮」當儀式的例子。甚至在西元前三百年左右的埃及諸王朝、英國維多利亞時代，和現在在某些阿拉伯和非洲文化裡仍不難發現的「女性割包皮」（割掉女性的部份陰核，防止她們自慰）行為，在東方國家的歷史裡也很少找得到。值得一提的是，非洲某些原始部落為男孩割包皮，是為了考驗他們的耐力。

然而，二十世紀後西方醫學發達，「割包皮」現在多半都在醫院裡執行，脫離了原先的儀式意義，它的心理層面的問題就更應該受到重視了。如果父母親對此事猶疑不決，那麼就留待兒子長大後讓他自己決定吧。過去止痛術還不發達時，「割包皮」確有必要在嬰兒或童年期施行，但現在就沒有這個必要了，也讓想割包皮的人多幾年時間好好考慮一下，要不要來上這麼一刀。

至於曾有人主張「割包皮可以治療早洩」，這是因為割過包皮後的陽具龜頭部位會較不敏感，降低了早洩的機會；然而，醫界另一派卻認為，這才是割包皮的缺點。

到底要不要割包皮（當然，若已有紅腫、發癢現象就非割不可），恐怕醫界還有得爭論的。但如果我們追溯猶太或回教徒對於割包皮的智慧，至少可以學會一件事：即使「割包皮」也是整個家族的事，家庭長輩應對男孩給予諮詢、指導，不要讓男孩在求告無門的情況獨自找醫院被割一刀，以致日後產生其他的後遺症就不好了。

高齡也能享受性愛

雖然老男人的高潮會來得慢、去得慢，高潮引起的快感痙攣不像年輕時強烈，射出的液體比從前稀薄，量也較少，即使如此，老年的高潮仍是個愉悅的經驗。

好像人到達一定的年紀後，就會跟「性」這種事絕緣，尤其是老人家還在談什麼情、愛，那就恐怕「難為長者」了。最近還有人提倡「三代同堂」，也多少會讓老人家的「房事」不方便許多，如果夜裡子子孫孫都要豎起耳朵傾聽老人家房裡的動靜，說是擔心老人家太過興奮心臟病發作，但是這只能當作家裡的秘密，人前人後都不能提起。

其實，我們的社會對「高齡的性」充滿許多不盡正確的迷思。甚至老人家也誤以為年歲較長後引發的生理和性反應的變化，就是「性無能」的前兆，因而過早放棄性愛。當一個社會的高齡人口越來越多時，這個問題就越須獲得正視，建立正確的「高齡性愛」觀念，就等於突破性的年齡防線，充實、並維繫著老人家親密關係的生理層面。

隨著年歲較增，高齡婦女會發現她們的性反應必須花更久的時間才能喚起，高潮卻會較快達到。但通常的情況裡，高齡婦女的性反應周期會比男性更不受年紀的影響；然而，陰道變乾、陰道壁變薄、交媾時強烈的子宮收縮，卻會使高齡婦女視性愛為畏途，其實這些問題都可以靠服用賀爾蒙丸或使用陰道栓劑、乳霜來減輕症狀。

高齡男士將發現「老驥伏櫪」是一件很難的事，他們需要比年輕時更長的時間，才能「舉」得起來，這個發現著實讓許多不服老的「勇士們」感到沮喪。曾經有項調查顯示，四十八歲至六十五歲的男性要比他們十九歲至三十歲時，平均要多花五倍的時間才能「起來」，然而足堪告慰的，高齡男性「起來」後，會比年輕男人容易持久。而且，年齡較長，男性對「起來」這件事就會擁有更好的控制力，如果他採用高潮來臨時立刻撤出的技術，甚至可幾乎無限期地增長性交時間。

雖然老男人的高潮會來得慢、去得慢，高潮引起的快感痙攣不像年輕時強烈，射出的液體比從前稀薄，量也較少，即使如此，老年的高潮仍是個愉悅的經驗。射出後，高齡男性很快就會消腫，下一次，可能要幾小時或幾天後，才有辦法再來。不服老的男人，只好迷信各種神油和大補丸的廣告，但「力不從心」的那一天遲早會來臨，他們還是得接受這個事實。有一種主張認為，如果老年伴侶想要從事較多次數的性愛，男方必須較努力地控制勃起，避免高潮，如此便能保證做過一次不久，還可再來一遍。

這樣看起來，「高齡性愛」就不是什麼該避諱的事了。而是兩個人情愛關係的延長，想像情侶在金婚、銀婚或是鑽石婚的紀念日，還能重溫激情，交換身體的慰藉，還有什麼比這更幸福的呢！

第四章 與性有關的吃

壯陽藥補說（上）

雖然最近的研究認為男人服用「春藥」後就能達到迅速勃起、腺體昂揚的功能，但其實這已違反道家「自然」和「循進」的原則，長期倚靠春藥壯陽實在大大傷害個人的「養生」施為。

有位美國歷史學者曾說，未來的歷史學者想要瞭解二十世紀人類的生活，只要看看當時的報紙就夠了。如果這個說法成立，當這群歷史學者打開二十世紀末葉台灣的報紙，無意中看見林林總總的分類廣告裡各種壯陽、回春的藥，他們會誤認為歷史裡台灣的男人不是「性饑渴」，就是「欲振乏力」的病夫，順便在史簿記上一筆。當然，這群歷史學者也會發思古之幽情，想像台灣的女人會是什麼樣子？

目前為止，我們缺少正確的統計資料，可以知道到底有多少台灣男人吃過這種所謂的壯陽「春藥」？究竟這是台灣男性間一個相當普遍的需要呢？抑或只是廣告商的「虛張聲勢」？然而，在這個色情氾濫得可以溢出來的島嶼裡，台灣要想進入「後春藥時代」恐怕就有得等了。

即使你想都不想這個問題，你的男同事會找你談、報紙上會有這類廣告和文章，你的老婆會在耳邊體貼地講。如果你在那方面表現不如人意，她會鼓勵你不妨吃看看；如果你勇猛如虎，她會懷疑你是不是自己偷吃了，把精力用在什麼野女人身上。如果這些關卡你僥倖都通過了，還有你等著抱孫子的老母親，偷偷塞給你保證一舉得男的「三鞭大補丸」，沒辦法嘛，中國人就是個愛吃藥愛進補的民族，有時候會吃藥養生都可以是一則傳奇了。

說穿了，這是中國人自古以來體質虛弱而涵化成的一種心理現象，例如那位頗擅藥補活到高齡九十五的楊森將軍，他的那帖藥酒秘方至今仍是每家中藥店都可索取的熱門補品，楊將軍那方面的能力和耐力，是大家津津樂道的，攀登乳峰之餘還有氣力走玉山，爬上峰頂高叫幾聲，實為「高人」。

另一則流傳在中藥店裡關於「淫羊藿」藥名由來的故事，我每次聽到，總覺得其中對於漢民族的男人，存在著很有意思的象徵趣味。這個故事發生在廣東省的一個山谷裡，有位牧羊人發現他的一隻山羊性慾特強，畜欄裡的母羊都「搭」過一遍後仍未消腫。好奇的牧羊人跟蹤這隻山羊進入山谷，看見山羊經常嚙咬一種奇怪的野草，經過多次採擷、研究後，山谷附近的人們才瞭解這種草的壯陽特性，比起山羊，人類還真是後知後覺。所謂的「象徵趣味」是，如果這隻山羊當初吃的是辣椒或是其他的香辛科植物，不知會是什麼模樣？而且，要是這隻山羊要吃一遍「淫羊藿」才敢進羊欄見眾母羊，是不是就有點「外強中乾」？

外國人一定很驚訝中藥的入藥藥材，竟然包括礦石和硃砂、水銀、白砒，植物的根莖葉枝，動物的鞭、殼，連陸上的蜥蜴，水裡的海馬都可研磨做藥，想想那堆粉末裡有些什麼成分就可嚇出他們的膽水，但最近的研究卻也無法否認中藥「春藥」的強烈效果。像「淫羊藿」裡的成份，就能刺激腎上腺和循環系統，初次服用淫羊藿後的幾小時內，就能增加精液的濃度。難怪常年飲用藥酒的楊森將軍，在九十高齡時還能把老幹當新枝用，羨煞多少世俗男人。

不過，我們必須強調，楊森將軍自有他的體質配合，並不是每個人喝了藥酒就能滋陰補陽。雖然最近的研究認為男人服用「春藥」後就能達到迅速勃起、腺體昂揚的功能，但其實這已違反道家「自然」和「循進」的原則，長期倚靠春藥壯陽實在大大傷害個人的「養生」施為。另外，這些春藥的成份通常都有毒性，服用時絕對不可掉以輕心，而且要遵守以下注意事項：

1. 每天固定劑量，不可急躁服食過量，《金瓶梅》的西門慶就曾因此差點死於非命。

2. 要有耐心長期服用，維持二至三個月，但求長期調養，不要速成傷身，同時配合身體的自然狀態。

3. 胃弱、寒，肝和循環系統功能不健全者都不適合服用壯陽藥品，服藥期間規定禁食部分也應遵守，同時配合道家的靜坐修練。

4. 性能力增加後，每次射出的精量也會比以前多，所以更應該秉遵道家自律和控制的原則，免得糟蹋了身體。

壯陽藥補說（下）

楊森將軍的藥酒是一種全補性的藥品，不僅能夠有效地提高性能力，也能滋補全身器官，是男女皆宜的補藥。

上篇文內介紹楊森將軍賴以「老幹當新枝用」的藥酒秘方，並且提到這個藥方在中藥店都可索取。結果我有些朋友來電跟我抱怨，他們前往各地藥店索取卻無所獲，據推測可能藥店老闆留著自己享用了，這對於藥店老闆娘的身心俱有莫大福利，但為了讓更多讀者可以在寒冬之際仍然享受「挺起」的溫暖，我們有必要再來談談楊森將軍的藥酒。

這份藥酒的成份是：鹿茸、鹿膠、阿膠、龜膠、淫羊藿、熟地黃各六十克，黃芪三十克，當歸、杜仲、枸杞子、女貞子、鎖陽、胎盤各二十五克，人參、覆盤子各十五克，海馬兩隻，蛤蚧公母各一。如果你想在家裡自製藥酒，可將這些藥材裝在一只大的玻璃瓶或陶瓶裡，再倒進六公升的白蘭地、蘭姆酒、伏特加或米酒，（最好是一半白蘭地，一半蘭姆酒），封口後貯存三至六個月，貯存時間越久藥性就越強。然後用乾淨的濾布過濾一半的藥酒倒進另一只瓶裡，再將三公升左右的新酒倒進原來的藥酒罐裡，重新封口，再貯存三至六個月，這樣的過程最後可生產九瓶藥酒。然後再將藥材取出來榨汁，這榨擠出來的汁液就是藥酒最珍貴的部份了。可在藥酒裡加進冰糖（或一兩匙的蜂蜜或果糖），充分搖勻。

楊森將軍的藥酒最好是在空腹時飲用，由於它是一種全補性的藥品，不僅能夠有效地提高性能力，也能滋補全身器官，是男女皆宜的補藥。但這份藥帖性屬大熱，寒冬時節飲用最適合，每天可飲二或三盎斯；春、秋和初夏時，就減半飲用，至於暑熱和天氣過於潮濕時，還是少喝為妙。而且，由於這份藥酒對腎臟和腎上腺具有極強的刺激性，飲用後排尿的次數和量都會有顯著增加。有些服用過的人還有睡得較少、醒來時精神較好的現象。

曾經有人建議睡前半小時服用藥酒最有效，但如果平時你就有失眠的習慣，最好不要輕言飲用。其實，若是在晚餐前喝，不僅能促進食慾，也必能增加性愛時的「力比多」（libido，即「性慾」）。

壯陽食補說（上）

要是讀者嫌泡藥酒太麻煩，日常生活裡也有許多食品不無小補，不妨多加留意。例如，常在情人節被當成饋贈禮物的巧克力。

前文提到楊森將軍的藥酒帖，果然得到廣大親友的回響，紛紛向我提出他們的疑問；其實，只要掌握一般藥酒的原則，泡酒的時間至少要半年或一年以上就可以了，酒類無論紹興、高粱、茅台、或葡萄酒都沒問題，重要而珍貴的應該是那些中藥藥材。

中藥裡可以激昇男性能力的當然並不限於出現在楊森將軍藥酒裡的那些，植物類像指頭花、肉桂、甘草都在榜內，動物類的至少也還有海狗鞭、虎鞭、蠶繭等，很多人相信這些藥材能夠「壯陽」，因為以形補形，其實主要是這些藥材包含了豐富的蛋白質、膠質、胺基酸、角質素、鈣酵素、荷爾蒙和各種礦物質，可以直接刺激性腺，也是製造精子的基素。

另一項被認為具有極佳壯陽效果的藥材「鹿茸」（長有細絨毛的鹿角），在二十世紀初，俄國的物理學家曾以鹿茸的抽取物餵食老鼠，發現這些老鼠交媾的次數和時間都有顯著增加的跡象。

要是讀者嫌泡藥酒太麻煩，（即使你現在著手做，最快也要三個月後才喝得到了），日常生活裡也有許多食品不無小補，不妨多加留意。例如，常在情人節被當成饋贈禮物的巧克力，除了容易讓你心愛的人發胖外，它還含有一種Phenylethylalamine（PEA）的成份，這是戀愛的人腦內產生的一種化學物質，會讓他們感覺「如浴愛河」。

美國的《大都會》雜誌曾將巧克力列入世界十大春藥的名單內；法王路易十五時代的法庭裡，巧克力還被認定為性刺激品，這會不會就是情人節時戀人總喜愛互贈巧克力的原因？

另外還有大蒜和胡椒。吃全齋的人不沾大蒜和胡椒，除了味道的考慮外，絕對有他們的道理，因為吃多了大蒜和胡椒便適足「亂性」，對持修有害無益。如果你平日嗜吃大蒜，可以試試一兩個禮拜內不吃，再觀察你的性行為能力有何變化？

再是生蠔，絕對不要忽視這裡面富藏的活酵素和荷爾蒙對性腺的促進作用，但它們絕對要生吃才有效。

另一個常被忽視的神奇食物是「南瓜子」，每天啃二至三盎斯的瓜子，可以防止男性性腺器官得癌，也可維持正常性功能。為什麼便宜的瓜子擁有如此的功效，美國的莫里森教授（Marsh Morrison）認為，瓜子裡包含不飽和脂肪酸、大量的有機性鐵質、還有三〇％是純正的蛋白質，這些都是維持正常性功能的必要元素。因此，無事時多多嗑瓜子，總比臨陣時才磨槍要有用得多。

讓我們安排一個浪漫的夜晚，餐桌上放著撒上蒜屑和胡椒的生蠔，還有瑞士巧克力和南瓜子，想要淺酌還有楊森將軍的藥酒。然後熄燈上床，一切無話。

壯陽食補說（下）

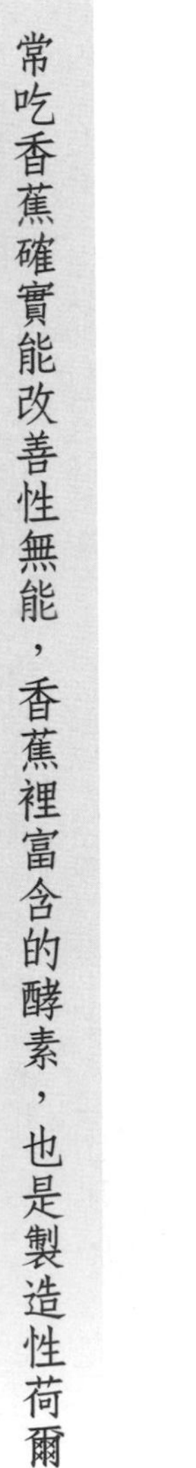

常吃香蕉確實能改善性無能，香蕉裡富含的酵素，也是製造性荷爾蒙的主要成份。

自從知道了巧克力和南瓜子有助性功能後，據說最近全省各大商店的巧克力和南瓜子的銷售量增加不少，送巧克力給男、女朋友的人現在終於知道「為什麼情人節要送巧克力」背後的工具性意義，如果這個趨勢再繼續下去的話，以後賣巧克力和南瓜子的商店，就要附贈保險套以示負責了。而筆者只好改行專賣巧克力，至於南瓜子，要買直接由香港進口的那種，可能會較有效，但是哪一種牌子，就不方便透露，以免有廣告嫌疑。

接下來我們繼續談論「食補」的話題，內容將就男、女性事方面的問題分門別類，介紹一些與這些問題有關的食品。首先先來專門談「男性性無能」。

如果你經常關注這個議題，想必知道「男性性無能」的原因包括「恐懼失敗」的心理因素和「房事頻繁」、「攝食營養失當」、「性腺失調」等生理因素；所以要是你平常能夠多吃下列這些食物，至少當你耗精過多時，這些食物裡的養分就能發揮後補的作用：

高麗菜、甜菜、小黃瓜榨汁，是最有用的清潔腎臟內部的飲料，多喝可以中和血液裡的酸性，也可以恢復、維護尿道、膀胱、前列腺、腎上腺及其他和累積腎毒有關的部位。

黃色、彎彎的香蕉，長久以來在性笑話文學裡扮演要角，因為它極易產生聯想的形狀，而佔據著不容忽視的地位。但常吃香蕉確實能改善性無能，香蕉裡富含的酵素，也是製造性荷爾蒙的主要成份。

和香蕉具有同樣功效的是小麥胚芽油，對於神經衰竭也有幫助，建議每天飯後吃一到兩匙。

男性精液裡有大量的蛋黃素，所以直接服用蛋黃素，可以幫助男性製造濃稠的精液，治療性無能的症狀。

其他的有益食品還有：向日葵瓜子、生菠菜、生龍蝦、海藻、薑根、芹菜種子、生蛋黃、黑葡萄和黑櫻桃等。

至於下列的食物，則應避免或盡量少吃：

精煉過的澱紛和醣類食物，特別是白麵包、糕餅類和甜酒飲料。

過份調理的肉品，像漢堡那種把一塊肉夾在白麵包裡食用的東西，就是男性的大忌。

用硝酸鉀（即俗稱硝石）防腐的食品（中國人最常吃這種食品了，像臘肉、罐頭、臭豆腐、榨菜等）和醋（除了蘋果醋），也應該儘量少吃。

太濃的咖啡和茶，對於宿醉或許還可提神，在兩個人還在牽牽小手聊天到深夜四點的愛情階段，還能製造浪漫氛圍，在似水流年的性愛場合，就派不上用場了。

女性生理疾病食療法

經過殺菌處理過的牛奶，絕對，絕對要少喝，醫學研究證實，這項食物是造成不孕症的主要原因之一。

本文將談論三個女性常見的生殖器官疾病：不孕症、白帶和月經失調，並且提及一些能夠改善病情的食品，供讀者參考。

造成不孕症有很多原因，有些現在還不明，但醫界較認定的原因有性腺營養不良、性腺分泌毒素過多，或是結腸腐壞，壓迫到男性的前列腺或女性的輸卵管，使得精、卵子無法流動。有不孕症困擾的人，往往能夠因遵從指示進食而改善他們的情況，再度受孕。在醫學案例裡，有些夫妻結婚十至十五年仍未受孕，但當他們採取三至五次的「七日禁食」，配合每日洗腸，其後再攝食適合的營養後，不孕症狀竟然豁然而癒。

鼓勵「不孕症」患者可以多吃的食物包括：蘿蔔、甜菜、小黃瓜打成的綜合蔬果汁，蘆筍（不加鹽，略蒸）、花粉（每日三至六顆）、生蛋黃（每天二枚，打入蘿蔔汁內飲用）、香蕉、小麥胚芽油（早、晚餐後服用），其他如生魚片、瓜子、生菠菜等都在推薦之列，至於經過殺菌處理過的牛奶，絕對，絕對要少喝，醫學研究證實，這項食物是造成不孕症的主要原因之一。

白帶（女性生殖器官地帶黏液分泌過多）的發病，和進食習慣有很大的關係。「山葵加檸檬汁」、「蘿蔔、甜菜、小黃瓜汁」、檸檬純汁（這是最適合女性滋養器官和性腺的自然食物）、葡萄柚汁（加進蒸餾水）、柳橙原汁、蘋果醋（在蒸餾水裡滴進一、兩滴）、蘿蔔和菠菜汁。避免吃食的有牛奶（高溫殺菌過）、肥肉、煮過的雞蛋、氫化過的脂肪（特別是人造奶油）、精製澱紛類等等。

月經失調，特別是月經時失血過多，月經週期不規則、散發異味，建議有此疾病的婦女朋友吃一些可清血的東西，像茴香汁、「蘿蔔、甜菜、小黃瓜汁」（啊，這真是項萬靈汁了）、「蘿蔔、菠菜汁」、檸檬純汁、糖蜜、海藻、黑莓、小麥胚芽油

等。避免進食的東西和「白帶」者大致相同。

說了這麼多和性疾病有關的「食療」後，可以看出基本上醫界推薦和禁食的食品都差不多，相關的資料在坊間的書籍裡也應該找得到。不過知道歸知道，如果不照著改變一下吃東西的習慣，再多的金賽博士也輸給你。

印度人的性食觀

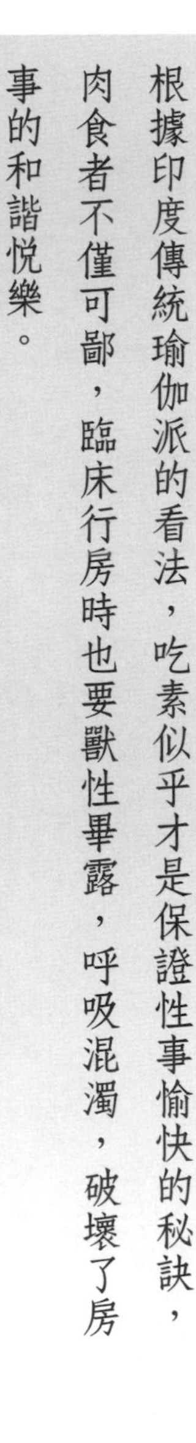

根據印度傳統瑜伽派的看法，吃素似乎才是保證性事愉快的秘訣，肉食者不僅可鄙，臨床行房時也要獸性畢露，呼吸混濁，破壞了房事的和諧悅樂。

中國人對食物的敬愛，有時候確已到達走火入魔的地步。中國菜可稱為針對食物的最有想像力的實驗，這種實驗的精神也應用在隱秘的性事。相傳「清宮大秘訣」裡就記載著許多用食物控制生男生女的絕門，配合天干地支吃什麼就可隨心所欲，不知道當時雍正、乾隆等一干皇帝有沒有試過。相傳乾隆下江南多次君臨妓院，一夫當關，想來該是看過大秘訣的效果吧。

「鞭」是另一個食物用於性事的顯例——吃什麼補什麼嘛！鞭長鞭短的都可拿來

吃吃看，只要不走火入魔到專門吃什麼象鞭、犀牛鞭的就好，保護動物協會鐵定會登門造訪，請你吃「皮鞭」；至於女孩子家，只好偷偷買些雞屁股來吃。最近還聽說男性吃牛蒡、蘆筍、竹筍、芹菜這些外表細長的東西都頗有助益，這顯然是望形生義，視為旁門左道可也。

這幾年興盛起來的「健康食品」和吃素的風潮，卻和中國人重口味的文化發生了牴觸。有些人從性學和進補的觀點提出，多吃蔬菜恐怕營養會不夠，夜晚兩個人要臨床實習時無法「生龍活虎」、「龍馬精神」了。你看，連這些成語也都充滿了動物性蛋白質，從來沒有人用什麼「面如菜色」來形容那回事。

然而，如果根據印度傳統瑜伽派的看法，吃素似乎才是保證性事愉快的秘訣，肉食者不僅可鄙，臨床行房時也要獸性畢露，呼吸混濁，破壞了房事的和諧悅樂。

瑜伽派顯然把進食也當作一門修練的功課，設下許多規矩，例如，練習瑜伽前不能吃太酸、苦、鹹或辣的食物。他們也將食物分成三類：

第一類稱為Sattvic（梵文）：有牛奶、蜂蜜、奶油、乳酪、核果、穀類、大部份的水果和長在土壤外的蔬菜都包括在內，這類食物被界定為具有「甜」的特質，也是製造健康精液和卵細胞的必需品。

第二類食物rajasic：指的是根莖作物、香料、鹽、大部份的魚類、紅色的肉和雞。這些食物裡有些具備調味的功能，通常被界定為「鹹」或「辣」的特質，只有在新鮮或經過小心調理後才能食用。經常食用這類食物的男性排出的精液會變得較為濃稠，會有鹹腥的味道，女性的分泌物也會具有相同的特質。

第三類食物tamasic：指洋蔥、辣椒粉、用油煮或炸的食品、蛋類、太過油膩的肥肉等都算在內，這些食物攝食後，都會讓身體產生臭味或是腸胃脹氣。瑜伽派認為，這種味道過烈、油脂過重的食物吃多了以後，會使人做愛時的感覺變得較為遲鈍，人也會變為純物質主義取向，「辦事」只純為求物理的滿足而已。

這種食物的分類方法瀰漫著苦行精神，在二十一世紀初，人們終於體悟返璞歸真的時代，卻彌足珍貴。然而，我們選擇食物，仍得根據我們自己的生活方式和目標，《湖濱散記》的作者梭羅在華爾騰湖畔吃自己種的蔬菜，世界短跑冠軍強生每天都要攝食肉類，都是針對了他們自己的需要。

瑜伽派認為人只要在第一類和第二類食物間求取平衡和調配就好，千萬不要墮入

縱慾的第三類食物。而中國人愛極了的什麼鞭、龜精、蛇肉、蛇膽，必定會讓印度苦行者認為吃了將造成萬劫不復。

春藥面面觀

研究、談論並不代表我們鼓勵讀者服用這些「春藥」，事實上，對於這些藥物成份和藥性，專家們仍表存疑，而且，某人的春藥或許卻是另一個人的毒藥。

前面我們推薦過適合冬天養身的楊森藥酒，曾引來很多人的好奇跟詢問，但如果照方釀製，也要三至六個月才能飲用，於是，又有人關心有什麼可以四季如「春」的藥品及食物。我們必須體諒，夏季喝楊森藥酒恐怕還真會流鼻血，不如換個方向，談談幾種常見的「春藥」。但話可說在前頭，研究、談論並不代表我們鼓勵讀者服用這些「春藥」，事實上，對於這些藥物成份和藥性，專家們仍表存疑，而且，某人的春藥或許卻是另一個人的毒藥。

先要談的是日常喝的沙士，這種原生長於南美的植物，常被提煉為珍貴的春藥，雖然沙士飲料和所謂的春藥功用並不相似，但沙士成份裡只要不含黃樟素和其他化學成份，還是能讓人體吸收些荷爾蒙的。最好的方法還是自己買到沙士子泡來喝，如果找不到沙士子，下列一些常見的藥材，效果倒也不差。

蛇麻子也稱為酒花，這是使啤酒帶有苦味的重要原料，用蛇麻子泡茶常拿來治療頭痛和胃部不適，據說枕頭裡塞滿蛇麻子也可防治失眠。吉普賽人一直相信蛇麻子可以提昇女性性機能，根據近代醫學研究，蛇麻子裡含有極少量的女性性荷爾蒙，這也算是科學證據吧。

甘草水，將一湯匙的甘草粉摻進一杯蘇打水裡，是傳統法國人為女性準備的「春藥」，這倒也不怎麼難喝，而且，醫學界也發現甘草裡的化學成份，和性荷爾蒙的結構類似。

茴香茶的作法頗同於甘草水，可以將曬乾的茴香葉搗碎直接加進茶裡，或是將種子加水煮沸。茴香茶當作春藥的歷史也許比甘草水都要久遠，但實際的年歲並不可考。

曼陀羅花根形似人體，中古歐洲拿來當作護身符，繫在手腕，他們相信曼陀羅根可以防止或治療性無能。

另外，非洲有一種Yohimbine樹，從它的樹皮抽取出來的藥材，常被醫生用來治療喪失性慾和性能力的病人。

維他命E，目前全世界有多少人服用這種藥物，希冀獲得常春？很多人相信維他命E有助於正常的性行為能力，但現今的醫學證據只提到維他命E確實對防治動脈硬化有效用，它在性能力方面的表現，還是存疑的。當然，很多性功能障礙的案例都有他們的心理因素，他們吃藥只為求心安，如果是你讀到這篇文章，而你的伴侶仍然相信維他命E的功用，那麼也許並不需揭露、顛覆他的信仰。

然而，「西班牙蒼蠅」這種最常被聯想到的藥物，無論它以何種名目出現，我們都必須提出鄭重警告。「蒼蠅」其實是產自法國和西班牙，一種會發光的小甲蟲斑蝥，被曬乾、搗碎後供人服用。「西班牙蒼蠅」會對人體的膀胱造成很大的刺激，喚起極高程度的性慾，結果男性的陽具挺起後就不會再「消腫」，常常還需要手術治療。男性為了一柱擎天的虛榮而服用「西班牙蒼蠅」，就有如動什麼「入珠」手術一

般，到頭來只會害苦自己，而足夠達到性喚起的劑量也可能致命。

其實，依照我們的主張，為了達到性喚起服用藥物，只是「外力以逞」的做法，過去還有什麼吸大麻、注射睪丸素酮、服用犀牛角等皆不足取。這些固然可以增加性荷爾蒙，但給我們的聯想就有如為種牛注射強精劑，把心靈與肉體都須參與的人生大事當成生物交配了。

第五章 性愛促進劑

足部按摩

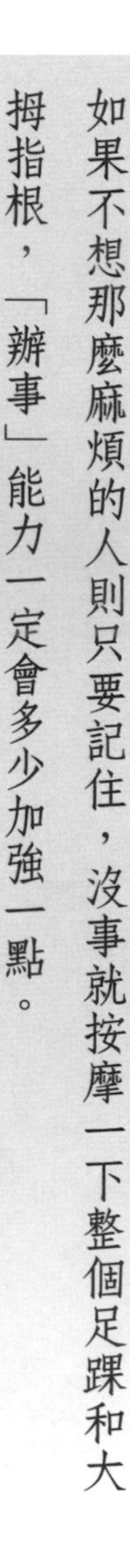

如果不想那麼麻煩的人則只要記住，沒事就按摩一下整個足踝和大拇指根，「辦事」能力一定會多少加強一點。

一位香港的足部按摩師，曾經在一本相當有名的成人雜誌裡撰文提到，在他服務過的顧客裡，很多人回來跟他說足部按摩增強了他們的性能力，這篇文章的結論當然是鼓勵大家多多接受足部按摩。我們當然不願就範於廣告的誘惑，但讓我們談談按摩與性能力的關係。

「腳底按摩」近些年來在台灣很紅火，尤其經過「吳神父」金字招牌的推廣，幾乎大街小巷都有人靠此為生；聽說在香港「腳底按摩」也頗受歡迎，至少港星周潤發據說逢人就「無厘頭」地直誇「腳底按摩」夠「靚」，說著就想按摩一班玉女明星的玉腳。

我們應該都知道「腳底按摩」的原理是來自「對應」，也就是由腳趾到足踝，對應著身體由頭至腳的某個部位，如果腳底的某個部位特別疼痛，那就是身體對應的那個部位出了什麼毛病。

另一個較為人疏忽的是手部按摩，其實手掌也和身體的各部位互相對應。仔細而溫柔地按摩手掌心（用另一隻手的大拇指按捏著手掌進行），也能達到和「腳底按摩」一樣的效果，雖然效果也許差一點，但還是比較不會痛。既然如此，我們倒不妨建議，夫妻間可經常利用潤膚油替彼此按摩手和腳掌心，這也是增進感情的好方法。

以足部來說，對應性器官的部位，大約集中在足踝和大拇指根；從腳掌內側靠近足踝的部位算起，就對應著膀胱和脊椎尾骨等器官，而腳掌外側則對應著臀部和坐骨；大拇指部位，則對應著直腸、子宮、卵巢、睪丸等與性能力有關的器官。詳細的對應位置我們很容易就可在書本上找到，如果不想那麼麻煩的人則只要記住，沒事就按摩一下整個足踝和大拇指根，「辦事」能力一定會多少加強一點。不過，要是你走火入魔到連在公共場合都抬起腳來按捏而遭警察取締的話，不要說我沒有事先警告你喔。

另外一個關於按摩的原則要提醒讀者諸君：絕對要做到「平衡」的原則，按摩過某隻手或腳掌後，一定也要花同樣的時間和心力對待另一隻手或腳掌，身體其他部位的按摩，同樣的也須秉遵這項原則。

關於手、腳按摩的功效，另有許多頗為人知的說法。例如，女性月經來時下腹疼痛，只要按摩腳掌上方與腿連接的部位，或是腳掌心靠近足踝的部位，就能稍減痛楚；還有，便秘經常會影響自然的性行為能力，也可藉著手、腳按摩減輕症狀。不過，我相信多吃纖維食物還是比較有用的，手、腳按摩可將之視為平常生活的一種修練和保養。

顏色與性

紅、白在各種民族傳衍發展的性文化裡，賦予了豐富的象徵，說起來還會令人咋舌；諸如東方的道家、印度教甚至混合靜坐的技術，都發展出以紅、白顏色為象徵的性愛療法。

顏色在性學裡的應用和聯想，最常提到的就是紅和白；當然，如果要求你做這方面的聯想，你一定會先想到女人月經時的潮「紅」，和男人的「白」精子。但是這樣大概只能拿六十分，紅、白在各種民族傳衍發展的性文化裡，賦予了豐富的象徵，說起來還會令人咋舌；諸如東方的道家、印度教甚至混合靜坐的技術，都發展出以紅、白顏色為象徵的性愛療法。

在中國、印度、西藏和回教文化裡，紅都是女性的象徵，姑且不論我們熟知的中國婚嫁習俗裡的大紅燈籠、紅肚兜、胭脂紅等等，回教文化裡直接用「紅」來形容漂亮的女人，雖然回教國家女人的面容總是隱藏在黑紗裡，但膽敢戴紅面紗的女人一定是自認姿色過人；在基督教文化裡情人節時的「紅」心，十九世紀美國小說大師霍桑傳世傑作《紅字》裡犯戒的女人和「紅燈區」，都免不了與那回事產生聯想，一般人認為紅燈能夠引起、挑逗男性的性賀爾蒙。

紅代表女人，白自然就是男人。傳統上，印度的單身漢都要穿白衣，白色也讓印度人想起瑜伽、靜坐；回教徒則將白色視為純潔、男性氣慨、領袖和神秘的象徵。

從古代重視房事秘學的前輩開始，就已在研究如何結合紅和白所代表的主動和被動、積極和消極兩股力量。例如，日本的立川性神秘主義派有一張著名的畫，畫中是一對裸體的男女交纏擁抱，躺在八瓣的蓮花當中，男的在女的上面，他的頭埋在女人的雙腳間，男方和女方的手和腳都伸向和蓮瓣一致的方向，男人的身體是白的，女人的軀體當然塗成腥紅，兩人生殖器官交會的那個點，則稱做「嗡」。在印度吠陀經典裡，「嗡」正是天地初開時最早發出的母音，讀過赫塞名著《流浪者之歌》的讀者，應該會對這個音節留下深刻印象。

你看，這一切的發展可以溯源到天地造物，卻是寄望在一紅一白、一男一女的交合，真是神聖而偉大的性事。

道家和印度教裡，也有這類的繪畫，有些倒畫得相當抽象，西方的煉丹術還是顯學時，曾經向東方的性學「掠」走了很多東西，當時西方煉丹界流行一句話：「紅獅的血和白鷹的淚，是地球最珍貴的寶藏。」這句話仔細研究相當有竅門，但你得從大宇宙通向身體裡的小宇宙這個方向去冥想，再摻入一些「性愛和諧」的聯想，真的很玄，恕不多說。

另外一個紅白色的性療法是，夫妻抱躺在一起，男人想像自己是白色，女人則是紅色，再一起想像體內有個紅色的太陽，有個白色的月亮，等到陰陽相漸、冷暖互融、紅白交合，據說可由此種冥想，喚起內心的無盡能量。

洗澡、水與愛

很多性愛的困難姿勢，其實在水裡最容易實現，因為水中的身體通常都會比在空氣中輕。

當有人創造出「魚水之歡」這個詞句時，他的建議也許是——最理想的做愛地點，應該是在水裡。至於是不是這樣，就要靠各人的體會了，否則套句《莊子》裡的詭句：「汝非魚，安知魚樂也？」按照達爾文學派的看法，人類是水裡的兩棲類演化而來的，也許腦裡還殘存著水中生活的記憶也說不定，可見「魚水之歡」這句話裡包含了多少學問。如果是用德國哲學家胡賽爾（Edmund Gustav Albrecht Husserl）的現象學觀點來看，我們勢必將只看到一群精子在溫暖的潮流裡向前泅行，累得無法停下來回答你的問題。

說了老半天，你對「魚水之歡」這句話的博大精深有些概念了吧，另外一些沒有文學細胞的人則乾脆說：「放下一切煩惱，好好做場愛吧。」於是男人從辦公室走出，以前的女人從廚房走出，現在則從什麼地方都可以（免得被女性主義者追殺），他們不約而同走進臥室，上了床，才發現他們不知道如何「放下一切煩惱」，這時我們建議可進行東方的「洗濯」儀式，大則洗一場澡，小則洗淨手、足，經過這個儀式我們把煩惱放在臥室外。

另一個有關水的瑜伽技術，據稱可以維持人體內的自然均衡。方法是先吸一口冷水或溫水進一只鼻孔裡，再按住另一只鼻孔，然後將水噴出，再換另一只鼻孔也是這樣做；再是雙腳浸在流動的冷水裡輕踩，也可以得到相同的效果，尤其在穿鞋子走了一天的路以後，泡上幾分鐘的冷水，更是特別受用。此外，用冷水清洗肛門，可以幫助肛門收縮，而這就是瑜伽一項相當重要的基本練習。

等到這對伴侶洗過澡、鼻孔吸過冷水、雙腳浸過冷水後，如果還不能「放下一切煩惱」，就不妨從臥室移進浴室，很多性愛的「困難」姿勢，其實在水裡最容易實現，因為水中的身體通常都會比在空氣中輕。如果你在水裡做得到，在床上當然也行。這樣，要是你仍無法體驗「魚水之歡」這句話的妙境，真可以稱得上資質魯鈍了。

辦完事後，很多人的觀念是要儘快清洗身體，但瑜伽派卻認為，高潮時的分泌物裡包含了許多有益身體的礦物質，應該儘量吸收，因此，經歷高潮後至少一個小時內不要洗澡或淋浴，讓身體有時間吸收這些物質。

化妝的性含意

從原始部落到現代化摩登大樓裡，人們都相信，女性美容可以激奮、維持男性的性意願。這就是「女為悅己者容」神話的由來。

每當要寫化妝、美容或整型這類的文章，我總會想起多年前伊莉莎白泰勒和亨利方達合演的一部電影「聖灰日」（Ash Wednesday），片中泰勒是個年華老去、面容佈滿皺紋的婦人，她得知丈夫方達另結新歡，有意離去。為了挽回丈夫的心，泰勒接受整形手術。但雖然換成一張美麗艷人的臉，丈夫仍對她說：「我要的不僅是一張臉而已。」渡過了黯淡的聖灰日後，他們仍決定分手。

聖灰日是基督教的宗教儀式，儀式中用灰來提醒人類應該保持謙卑的心，但自古以來，女性用灰和其他化妝品原料塗在臉上、胸部、肚臍或其他部位，為的卻絕對不是保持謙卑的心。

女人塗在身上的東西，如果全部列出來可以環繞地球一周。比較常知的就有硃砂、檀香水、硫磺、稻米膏、番紅花、荳蔻、海螺殼、胎盤素、珍珠粉、樟腦、動物油脂、砷，其他的化學原料恐怕方程式排出來連女性也嚇一跳。

這些原料塗抹在身上的行為，有些真的有生理作用，但大部份化妝品都扮演「自我理想形象的延伸」的社會性角色，而且，從原始部落到現代化摩登大樓裡人們都相信，女性美容可以激奮、維持男性的性意願。這就是「女為悅己者容」神話的由來。

其中最常被用到的就是「紅色」。古代中國婦人會在前額貼上一個紅色標記，這項習俗隨著絲路開通後傳向印度、尼泊爾，現在反倒變成印度廣為人知的風俗。據說紅色是所有顏色裡最能挑起男性性慾望的一種，名著《肉蒲團》裡就有一段是接上馬鞭後的未央生，每次「辦事」前都要招搖一塊紅帕後才會起來，頗有理論根據。但在化妝的實際應用上，當然不能全部畫上紅臉，否則關公不就變成了豬八戒？

中國和日本的化妝文化總是先在臉部打上白底，再在唇上塗口紅、在兩頰塗胭紅，這種潛在的性意味象徵，透過戲劇化為永恆的面具後，使得每當中國京劇、或日本能劇上演，就像一場集體尋求昇華的「性」觀賞遊戲。

某些古代的化妝習俗，至今對於兩性的性愛活動應還有啟示性。例如，古代東方國家讓女孩的足部、手心都畫上花紋，其他像肚臍、心臟、喉、前額、腳掌心都可塗上油脂（現在應該說是乳液或各種化妝油），或其他裝飾，這樣近則可以激發想像力，增加氣氛，遠則能延長做愛的時間。當然，現在我們已不大懂得手腳彩繪那一套了（或許時下流行的指甲彩繪可看作是又一次古文化復興），但我們仍應重視手、腳在性愛遊戲裡所扮演的「觀賞性」角色。

樟腦的運用恐怕也早不為人知了。最近藥學研究指出，樟腦能夠刺激呼吸系統、心臟和大腦皮層，也能增強記憶。而由樟腦煙製成的眼影製品，能夠有效地冷卻眼睛；如果在房間裡適量地使用樟腦，或是塗抹眼影，也能大大提昇性愛的樂趣。

當然，除了生理和心理作用外，化妝對於性靈的象徵含意也不容忽視。以前中國女人在前額點紅痣，象徵那是「通天眼」的位置，透過這想像的眼睛與宇宙連合。直到後來這顆紅痣（以及象徵貞操的守宮砂）才被「世俗化」成為性愛或性感的某種象徵。

在瑜伽學派裡，女人的化妝可以從身體上分成項鍊（脖子）、耳環（耳朵）、手鐲（手肘）、頭部化妝和腰部化妝，代表五種不同的心理類型，女孩特別注重哪個部位的化妝，就可由此顯出她的特殊個性。

至今為止我們仍相信，化過妝的女人是較有吸引力的，如果男人知道那名女子是為他而化妝的（前提當然是那些昂貴的化妝品不是男人出錢買的），也許真會愛她一輩子。

但是「聖灰日」片裡亨利方達坦陳：「我要的不僅是一張臉而已。」應該讓天下女性有點啟示，知道經營愛情和婚姻不能全靠化妝品、衣服或昂貴首飾。希臘神話裡的海倫，一張臉能讓一千艘戰艦出征，釀成木馬屠城記，但靠一張臉的結果就是國破人亡，在神話的結局裡不知所終，古有明證。

刺激性趣的性玩具

最理想的性輔助器具還是身體，不要忽視四肢、手、手指、腳趾、頰、鼻、胸和舌頭在助長性愛氣氛上的妙用，人工替代品永遠是次要考慮。

不知道是不是台灣人的性癖好有了改變，或是報紙廣告帶給我的一種錯覺？怎麼覺得台灣人的性生活很少能得到滿足，這種錯覺來自大量的「性玩具」廣告，推銷各種棒、棍、按摩器、金蒼蠅、激情素、香水、藥丸、香煙、激情口香糖，奉勸性玩具愛好者、使用者最好小心。而且，根據中國、日本、印度的性史得知，現代一些看起來很有創意的性玩意，其實多半都仿製古代的創意，但由於大量製造的需要，這些塑膠製的貨品，設計和材質都不如古代利用自然材質製造的性玩具，效果也要大打扣折。

最常被運用來製造「性玩具」的材料有金、銀、銅、象牙、獸角、木頭、竹，甚至玉等。例如，用玉做的玉環在東方國家的床上就相當受歡迎，這種玉環主要是穿在男人那話兒上，表面凹凸有致的雕紋在進入女體時，能夠發揮帶動高潮的快感；然而，近代的醫學研究認為，用玉環增加性快感並不必要，使用者的性器官也會變得較不敏感。

另外一種用在女性自慰場合的玩具就是人工陽具，歷年來也最引起爭論（日本將這種器具稱為「張形」，最為傳神）。印度東正教會的法律書裡，禁止使用人工陽具，因為「人工陽具永遠都是豎著，對女神喜芭大不敬」。印度醫學書裡也強調，把硬的物體塞進女人身體裡，可能會造成許多生理的問題，這些書籍說，如果確有必要使用「人工陽具」，最好是用香蕉、芒果、蘿蔔、玉米、黃瓜、香菇的柄、葫蘆和其他形似的水果蔬菜代替。

被稱為「緬甸珠」的性器具，大家就比較陌生了。它的原理是一對銀製的空心球，其中一枚裡有滴水銀，另一枚裡有金屬舌，震動時會產生叮噹的聲音。使用時也是將它們塞進女性身體，再用一片絲布固定位置。當這名女性走動時，球裡的水銀便會輕微震動，另一枚球發出悅耳聲音，這種聲色俱佳的性快感，非常身歷聲。

固體的性器具外，各種乳液、油、膠也常用來滋潤性器官，然而，女性最好還是藉著前戲達到自我濕潤的效果，否則用唾液也就很足夠了，那些水、油、乳液什麼的其實都只是白花錢。

即使人工陽具在進入女體前，也必須防止損害內壁的組織，日本人就認為「張形」在使用前須用暖水或油浸潤過。當然，最理想的性輔助器具還是身體，不要忽視四肢、手、手指、腳趾、頰、鼻、胸和舌頭在助長性愛氣氛上的妙用，人工替代品永遠是次要考慮。

第六章 道家性愛觀點

道家的性愛歷程觀

如果遵照道家調和陰陽的原則，「挺進玉門關」是件大事，當然需要各種準備作業，包括「觀五象、察五慾」，同時還要「備五德」，再加上配合天時地利人和，才能在一場昏天暗地的小戰爭裡，得到調和陰陽的功效。

僅僅是地理名詞的「玉門關」，在中國人的歷史裡卻有複雜的情感因素。我們當然都知道它指的是女性的會陰部位，遠在代表道家性學立場的《黃帝內經》就有了這樣的用法。這座關隘的性質和錢鍾書的《圍城》也不盡相同：外面的人拼命想進來（這個過程自然需要連年拼戰，嬌喘連連），裡面的人還想要更裡面，什麼匈奴、女真、遼人，都一起融進中國文化裡，春風是不度玉門關，倒引來陣陣春潮。

如果遵照道家調和陰陽的原則，「挺進玉門關」是件大事，當然需要各種準備作業，包括「觀五象、察五慾」，同時還要「備五德」，再加上配合天時地利人和，才能在一場昏天暗地的小戰爭裡，得到調和陰陽的功效。

道家也主張「前戲」時運用「穴道按摩」來增進性慾，和西方學理有異曲同工的地方。道家主張的「前戲」，是要讓五行裡的「水」達到適合做愛的沸點，同時也讓「火」能慢慢點燃，不要一下子就「蠟炬成灰吃不飽」，至於「金」、「木」、「土」這三個元素，也要導引至適當的戰鬥位置。

「前戲」的過程則包括手、腕、腳和膝蓋部位的按摩，之後再一路按摩到手臂、肩膀、胸部，另一條路線由大腿侵進股間，經過「玉門關」後再到達腰部，這個過程猶如兀鷹盤旋獵物耽視不放，更像是戰鼓擂過三通，戰鬥氣氛已經濃烈。

特別要提到女性的「三陰焦」部位（位置在腳部脛骨內側，也就是由腳腕算起向上約三吋的地方），按摩此處對於激奮性趣特別有效。而其餘的部位如背部下方、脊椎骨、手腳內側，則是男女性都感到敏感的地帶。

刺激男性性趣的部位，集中在腳掌和腳趾，道家認為「肝」是負責輸送血液物質，讓陽具勃起的器官，如果按摩男人的腳掌，（彎曲、伸直腳掌的重覆動作也很有效），肝就會得到適當的刺激，釋放出做愛時必要的血液成份，如果每天都固定施行腳掌按摩，必定能增進男性的性趣和能力。

當然更重要的原則是，道家主張男性尤應嚴格自律，不要輕易浪費精液。這句話指的是什麼，各位男性心照不宣，女性最好也保持沉默。

而所謂「觀五象、察五慾」，則是為男性指點挺進玉門關的契機。五象指的是：

1.女性臉部潮紅時，此時男性的「器官」可以在「女性器官」附近溫柔地打轉。

2.女性乳頭變硬，滴滴汗珠出現在鼻子上時，表示玉莖可以緩緩進玉門了。

3.女性出現喉乾舌燥，吞嚥已有困難時，玉莖就應抽動得再快、再深入一點。

4.陰道開始分泌黏液時，玉莖應該在此時直觸花心。

5.更多的液體由女性體內流出來，表示女性已經達到高潮，玉莖應該停止抽動，慢慢抽出來了。

大體上「五慾」和「五象」頗為接近，只是配合生理狀態描寫女性的心理歷程而來。這是古代中國人試圖為性愛歷程整理出的一套系統論調，雖然和後代西方學者利用精密儀器整理出來的研究報告相較顯得粗糙，但對中國人來說，更具意味吧。五德呢？這是說挺進玉門時還要不忘「仁」、「義」、「禮」、「智」、「信」等德目，各位看官請自行體會。

道家的陰陽調和說

當兩人相攜入床前，道家主張個人應先了解自己的狀況和能耐，不要勉強自己一定要達成什麼目標，過度了反而有害身體健康，違反調和陰陽的宗旨。

前文我們談到道家主張「性愛」仍應有「五德」——仁義禮智信，這個意思當然不是只從表面想像，以為道家主張做愛時還要忙裡偷空讀聖賢書，而是道家認為當人類正在床榻上發揮最原始本能時，也不要忘記將兩個人的性和婚姻關係提昇至和諧、文明與均衡的境界——肉體坦誠相見後，心靈也要坦然誠實，尊重對方的感覺。

再以性愛裡的「智」為例，道家「智」的概念相當接近西方的「自我瞭解」，當兩人相攜入床前，道家主張個人應先了解自己的狀況和能耐，不要勉強自己一定要達成什麼目標，過度了反而有害身體健康，違反調和陰陽的宗旨。而關於何種外型的男女最適合用來「調和陰陽」，道家也有一套看法。

託名活了八百多年的彭祖寫的一本《玉床秘經》裡，更曾以為男人服務的立場提到，「適合採陰補陽的女人不用長得好看，最理想的是要年輕、豐滿、尚未生子。」言下之意，彭祖那多出來的八百歲壽命不是神仙給的，而是平時「老牛吃嫩草」吃出來的成績囉。

不過彭祖主張女人的「豐滿」和性能力有關，這和近代西方的想法不謀而合。根據芭芭拉．艾德斯坦博士所寫的《女醫生寫給女人看的醫學指南》，平均年齡約為二十五歲的女性，需要二〇%至二十五%的體脂肪才能維持健康，也就是說，女性要比現在市面廣告常出現的苗條模特兒形象，還要多出四至五公斤才合理想。太瘦的女性在做愛時無法釋出所需的能量和血糖，也因此常常無法達到高潮；而患有傳染病，身染微恙，或身體過於衰弱（以致身體功能已無法吸收做愛時對方釋放出來的賀爾蒙者）的男女性，「性愛」都只會有害無益了。

什麼是做愛時會釋放出來的賀爾蒙呢？西方的醫學研究已發現，性交達到高潮時，人類的腦波會迅速起變化，進入「意識替換狀態」（altered state of consciousness），而其他的生理與生物電的變化，也在研究裡屢屢出現。道家主張性高潮時雙方都會釋放出能量和賀爾蒙，目前也為西方的研究者承認，「調和陰陽」的意思就是，趕快趁此時將對方的能量吸收過來，同時還要儘量把自己的能量留下來，底下的三個步驟，則有助我們吸取能量：

1.當男、女的生殖器部位發生高潮時，由口中吐出的氣被認為是「廢氣」，所以高潮時，儘量將自己的頭貼在對方的耳旁，避免吸入過多的廢氣。

2.高潮時，整個皮膚表面都會釋放能量，此時男女應互相緊抱，儘量擴大彼此間的皮膚接觸面積。

3.最大的能量釋放部位（或稱「氣海」），當然還是在「下面」，所以彼此的生殖器官在達到高潮後，還是要保持摩擦。

然而，想要「採陰補陽」的男人，在性愛過程裡可能還要多費一份心。可分四種「戰況」來說：

其一，如果男人在女性達到高潮前射精，那麼女人就雙重獲益，而男人卻既喪失精氣又無法得到陰氣，下策。

其二，如果兩人同時達到高潮，女人還是雙重獲益，男人雖然吸收了女人突然釋放出來的能量，卻無法吸納更多的「陰」氣，中策。

其三，如果男人挨到女性高潮後，同時又能「還精」，他既吸收了陰氣，又能不喪失自己的「陽」氣，是為上策。

其四，男性可以在女性高潮後釋精，讓彼此都有機會「調和陰陽」。

這是道家的看法，可見我們的老祖先很早就有能量學的概念，西方性學研究者會不會同意，就有勞他們繼續來東方找靈感、做研究。

道家的內高潮術

長久以來，中國道家裡有一套藉著男女交媾斂聚精氣的理論，而且不僅男人可以「採陰補陽」，連女人也能夠「採陽補陰」。

我們曾介紹過一些西方性學專家對「高潮」的研究，在西方人的觀念裡，「高潮」不免被「生物觀點」地分解成血壓、呼吸、分泌、脈博、循環系統、皮膚顏色變化等等，西方人認為經歷過「高潮」後總是要耗損元神、消解精力的。然而，長久以來，中國道家裡卻有一套藉著男女交媾斂聚精氣的理論，而且不僅男人可以「採陰補陽」，連女人也能夠「採陽補陰」。

其實，中國傳統性書並沒有從女性觀點出發的篇章，一切當然都是為了父權社會裡的男性服務；尤其流行在深宮內苑的性經典，說穿了還不是為了要讓擁有後宮三千嬪妃的皇帝夜夜採花後還有餘力批奏摺，也許我們真要感謝這些性經藥方的流傳，否則每個皇帝都「操勞過度」，中國歷史早就要改寫好幾遍了。

此外，據聞古代尼姑庵裡也流傳過一套「屠紅龍」的技術，修行此法的尼姑可以永遠停止經期，減少她們「思凡」的機會。

道家對女性性事的主張，則隨著派別而有不同。有些教派認為女性生產時造成身體的損傷，所以四十歲過後就不宜再有性行為；但另有一些教派主張，透過子宮呼吸、吐納、默想和功夫修練，女性可以儲存做愛時損失的精氣，既不會損傷元神，性愛的年齡關卡還可向後延長。

同樣的性行為過程和相差無幾的姿勢，為什麼有些人是「損傷元氣」，另一些人卻可「採陽補陰」呢？一般而言，高潮是陰道、卵巢和子宮的抽動，但就道家的系統，可分為「外高潮」或「內高潮」來解釋。

女性的高潮反應如果只集中在會陰部份，精力外送，就是「外高潮」，亦是西方性學家所稱的「會陰高潮」；外高潮通常只持續幾秒鐘，但女性卻要花頗長的時間刺激，才能達成區區數秒的外高潮。

但是所謂的「內高潮」或「器官」、「腺體」高潮，需要女性的性伴侶刺激，使高潮經過一個個的步驟往上帶入器官、腺體和神經系統內，讓身體的各個部位都能同霑雨露，接受能量的復甦。如果以登山來譬喻，一般經歷高潮的人攀達一個高峰後就下山來，下一次還是在同樣的高度內努力；而道家提倡的「內高潮」就彷彿是在山上宿營，下一次再繼續向更高的山峰爬上去，於是就能創造更高的高潮經驗，同時也能潤補陰陽，有益身體健康。

當然，想要達到「內高潮」的境界，還是必須經過修練的過程。例如首先，妳就要學習如何將高潮時陰道部位的抽動往身體內部發展，學習控制子宮內部的肌肉。至於這方面的練習，泰裔美藉的道家大師Mantak Chia寫過幾本書，宣揚「卵巢呼吸法」、「高潮上吸」（Orgasmic Upward Draw）等技術。據作者表示，前者可縮短經期，減少經血流失，也可降低痙攣的機會，將「氣」注入女性的卵巢內；而「高潮上吸」法的功用則近似前述的「內高潮」。這些技術應用了中國固有的氣功、吐納、太極拳、打坐、鐵布衫氣功、腳底按摩等理論，說來不新鮮，但據稱頗有療效。

道家看同性戀與自慰

兩個陽剛之氣碰撞在一起，極容易「玉碎」而且「瓦不全」；兩個男同性戀間常需要有一方扮演女性角色，長久下來將嚴重損傷「陽剛之氣」。

古老的中國道家對於養生、調和陰陽的主張，頗為現世的西方學界採納，但道家對於自慰、同性戀的看法又是如何呢？站在陰、陽共濟的立場，道家顯然把男人的「手淫」視為「耗損元神」，必須相當節制。道家甚至認為，在中國傳統裡，一個稍有社會地位的男人都能擁有三妻四妾，皇帝的「後宮佳麗三千」不是什麼稀奇的事情，有些後宮裡正當「荳蔻年華」的女孩，也許熬過一輩子還無法見到她「名義上的丈夫」一面，而四周可接觸到的男人幾乎全都是「下面沒有了……」，因此女性自慰和同性戀在後宮、員外的後院或是富農的後山、後花園裡絕對是一種相當盛行的行為，而且也有某些程度的社會和心理功能。

「同性戀」和「自慰」合不合理的砲火在西方互相打了好幾年，而在道家的觀點裡，男人的自慰意謂著無法彌補的「陽氣」耗損，十六歲至二十一歲的男性精氣充盈，沛然不可禦，此時靠手淫損失掉一些精液，對身體還不會造成明顯的傷害，但二十五歲的男人還持續手淫的話，股間、膝蓋關節虛弱、腰酸背痛、疲倦、容易情緒低落等毛病都可能出現，道家也建議三十歲以後的男人應徹底摒除「自慰」的習慣，藉著與異性的性交過程採陰補陽。至於上了三十、四十和五十年歲的男人，如果還有自慰的習慣，將嚴重損害他們的健康，道家不得不在這件事上舉起警告牌。

相對的，道家似乎認為女性可以「隨心所欲」的自慰。道家也主張，女人到三十五歲左右才能到達性愛的最高潮，而這個年齡層的男人「高潮經驗」卻開始走向下坡，「自慰」在女性生理地位也將顯得更形重要。

同樣的觀點也適用在道家對「同性戀」的理論上，這主要是因為道家認為女性「陰」的力量屬於被動、柔性的一面，兩個「陰」的力量即使結合在一起也不會有衝突。中國傳統還有一個「磨鏡子」的說法形容女同性戀的動作，另一方面說，這種「磨鏡子」的動作比起男同性戀動輒要穿進體內，顯然較不傷身體。

道家認為男同性戀有害身體，還基於以下幾個理由：其一，兩個陽剛之氣碰撞在一起，極容易「玉碎」而且「瓦不全」；其二，兩個男同性戀間常需要有一方扮演女性角色，長久下來將嚴重損傷「陽剛之氣」。即使在顯微鏡觀察下，當兩個來自不同男性的精液相遇時，還會為了「男人的優勢」展開決鬥，連「人之初」都如此「格格不讓」了，難怪很多男人怎麼看都有火藥味。

因此，道家還是主張「交媾」的「自然之道」，男人應該珍惜他的每一滴精液，雖然不見得是滴滴「精醇」，但也絕對能「意猶未盡」。

不過從西方醫學的觀點，自慰或同性戀所達到的高潮，和經由男女交媾的性行為達到的高潮並沒有什麼不同，都只是損耗一些體力和精液而已，只有過程和感受的差異，因此要相信西方或東方道家之說，就各憑各自的需要選擇了。

中國的還精補腦說

有學者表示，如果男、女性都能學習、研修中國道家調和陰陽的功夫，延長那多餘的四分鐘，說不定就可以減少許多犯罪事件。

「還精補腦」是中國人針對性事的一個基本概念，類似「冬令進補」的「滋養」做法，但上世紀五〇年代這個概念傳進西方時，竟有西方學者認為中國人主張精液會由脊椎流進腦裡，而斥為荒謬。

其實，「還精補腦」自也有一套醫學的詮釋架構，西方醫學界已證實精液和大腦脊椎的流液具有相同的基本成份，因此，當精液由前列腺和尿道的海綿組織吸收，再進入血液經由循環系統就能滋養全身器官（也包括補腦在內），而女性由於能夠自行吸收性交的分泌物，自然就能產生滋補的作用。可見「還精補腦」是相當具有醫學根據的。

中國人針對這套理論，也發展出一套修練的方法，這是西方人至今還望塵莫及的。對男性而言，一面深呼吸，另一面還要對前列腺部位施行有韻律的按摩；對女性而言，僅施行深呼吸就能有助於「還精」。深呼吸也能讓男女性從性愛的激奮狀態裡迅速恢復正常。

西方人對於「還精補腦」的概念，由誤解而後發展出合理的醫學解釋，應該可視為東、西性學接觸模式的典型，而目前中國人「延長性愛」的理論，卻已成為西方學界致力研究、學習的對象。近百年來，中國人一再驚讚西方世界的船堅砲利和科技神奇，現在終於可以在性學方面扳回一城。

例如，一九五〇年代期間，金賽博士調查美國人的性習慣發現，七十五%的美國男人性交間「挺起」的時間只維持在二分鐘以內，但到了一九七五年，「女性性愛紅皮書報告」（The Redbook Report on Female Sexuality）則指出七十五%的美國女性想要在性愛中達到高潮，至少需要六至十分鐘的激烈「動作」，於是廣大的美國男士便心中明白，如果想要繼續維持婚姻幸福，至少還要再延長四分鐘。他們轉而向古老的東方經書裡尋找「四分鐘」的智慧，這便是中國人的性學和道家學派在西方應用心理界盛行起來的背景之一，卻也符合精神分析鼻祖佛洛依德和發明分析心理學大師容格的說法。

佛氏和容氏都認為，大多數的犯罪和反社會行為都可追蹤到當事人性方面的違常或是性挫折。因此也有學者表示，如果男、女性都能學習、研修中國道家調和陰陽的功夫，延長那多餘的四分鐘，說不定就可以減少許多犯罪事件。

另一位研究美國人性習慣的學者摩頓．漢特（Morton Hunt）也表示：「延長性愛動作不再只是某一方的熱愛而已，而是為了兩方的緣故。現今這個目標不僅是為了達到高潮，也是要讓全程裡的樂趣達到極致。」

西方學者對於中國性學表現出最客觀的觀察態度，則屬荷蘭的漢學家古立克（R.H. van Gulik）所說：「對中國性關係做過歷史研究後，我相信遠在我們的民族開始時，中國人便已展開男女性應如何平衡的研究了，這是中國種族和文化得以長久保存的遠因。」

男性施精論

健康的男性應該減低平白浪費精液的機會，否則，他要遵循人體的自然法則，依據氣候、季節和身體狀況來施放。

男人的哪個部位最重要？「唯智論」的擁護者也許會說是腦袋，而那些佛洛依德的信徒、身體力行「唯樂論」的勇夫和其他等而下之的伊比鳩魯派學者，必然不忘提到千錘百鍊才得一滴的「精液」。

西方醫學界一直主張男人射精後身體能自動補充，但東方的性學理論經過長期的實驗和觀察後，顯然並不持如是觀。以下我們將提出一些中國經書裡對於男人射精次數、頻率的建議，純供參考。男人可以自己躲在廁所裡看，或是與太太一起閱讀，做為「今夜那話兒不能『說話』」的理由。

男性的精液耗損過多有損健康，這是古典中國性學的主張。最近的西方醫學研究也認為，精液裡含有對人體極為重要的鋅，如果因射精過度而使身體缺乏鋅元素，將可能導致記憶減退、心情慌亂、妄想、對陽光敏感等症狀。因此，健康的男性應該減低平白浪費精液的機會，否則，他要遵循人體的自然法則，依據氣候、季節和身體狀況來施放。

這些「施精」法則可以稱得上五花八門，融會了各家學理和實證。有些書籍，如《黃帝內經》，主張根據年齡訂定遊戲規則，如：三十歲的正常男人每天可施放一次；到了四十歲，如果身體還保持良好，可以每三天放一次；五十歲時，只能每五天一次；六十歲時，只能每十天才來一次；而古來稀的七十歲呢，建議是久久一個月才施放一次，但如果身體已呈明顯衰弱，七十歲以上的老人家最好從此禁慾守精庫，專心研修養身之道。

有些書籍（如漢朝劉清的著作）主張射精的次數應配合四時暑寒和季候。春天當然是做愛天，男人每三天就可施放一次；夏日炎炎、秋季蕭涼，頻率限制於每個月兩次以內；到了嚴寒的冬日，最好避免損失精液。不過為了地處亞熱帶四季恆春的台灣讀者著想，這個說法當然不完全適合我們。

而最系統、最完整的看法來自唐朝的孫思邈先生，這位老祖宗依據他自己的養生法則，據說活到了一百零一歲。他的說法是：

1.三十歲時，男人的身體機能開始走下坡，應該停止自瀆惡習，學習調和陰陽之術。

2.四十歲，男人應學習控制自己的射精次數，並養成習慣。

3.五十歲時，射精頻率應限制在每二十日一次以內。

4.六十歲時，大多數的男人即應停止射精，如果體力特別好、性慾特別旺盛的男性想要臨老入花叢，也要嚴格限制一個月內一次，或是每一百次射一次的規則，這項規則也適用在七十歲以上的男性。

5.孫思邈認為，學會控制射精（也就是說，不要每次上了床就搞得一發不可收拾），是男人一生中的大事，而且越早學習越好，不要等到中年過後異狀頻現、百病叢生才想起這回事。

6.絕對的禁慾，卻不為孫思邈認同。孫思邈說，太過禁慾只會造成反效果，如果精液只能由「夢遺」射出體外，反而對身體百害而無一利。

前述經書裡的說法，有些似乎頗有道理，但主要的還是要看是否能讓男性讀者產生實用價值，再由男性讀者自己訂定更為細節的法則。據報導，搖滾歌星邁爾・大衛斯和前拳王阿里在上場前，經常來一段不射精的性愛，為接著而來的表演或競賽補充能量，這個傳聞不知是否正確，但相信已給不少男性勇氣。

第七章 性文化與趨勢

日本傳統性愛文化

據說日本和服的發明就曾考慮到讓男人方便行事，只要和服的下擺一掀起來就可以做了，和服上艷麗如櫻花招搖的顏色，也相當程度地摻雜了性挑逗的象徵儀式。

著名的日本浮世繪畫家北齋葛飾，傳說喜歡找裸女當模特兒，這原無什麼稀奇，但還傳說他會用活的章魚纏在模特兒的胴體，當模特兒被章魚腳冷顫而黏膩的觸感激發出莫以名狀的表情時，就是北齋心目中的女性「淫」容了。

十八、九世紀在日本當模特兒還真是苦差事，至少她們就要試驗各種海鮮纏身的滋味；那個時代，當女性被孔武有力的男人當成性玩物時，章魚長長的腿還常伸進她們的陰部裡挑逗性慾，想像章魚潮濕的吸盤緊緊吸住陰蒂的感覺，就無從知道到底是章魚還是女人比較快樂。不過那個時代日本的女人無論心靈或肉體都是男性的資產，無數的幕府將軍、武士、浪人恣意在榻榻米上發揮武士道精神。女人死了都活該，小小章魚腿只是小事，好在日本不產象鼻。

因此，十八、九世紀由日本傳向歐洲的春宮畫和浮世繪，讓歐洲人嚇呆了幾十年，歐洲人總以為性愛的最高指導原則應是追求兩性快感的和諧，但日本春宮畫裡的姿勢，看起來就像是強暴，不僅姿勢看來誇張、痛苦，日本春宮畫裡使用過的性虐待用具之多，就連以異國情調見長的土耳其和東歐國家也相形見絀。

「日本式姿勢」通常都不用全裸，這一方面也有鑑於和服和武士服脫起來不太方便，另一方面也因日本人相信穿著薄紗或其他配戴「做」起來會更有興味，包括由戎裝轉換過來的盔甲、由打仗時保護陽具轉換的度肩、有些像匕首形狀作用在攻擊女性的鎧具、我們曾介紹過的人工陽具「張形」，有些玩具看起來像是給龜頭戴帽子，聽來這真是一場具體而微的戰爭，男人把他們在戰場上攻擊、殺戮敵人的配備都轉換到床上來了，在這場戰爭裡他們則佔盡絕對的優勢。

日本男人在床上的「武士道」精神，從他們發明的性輔助器具已可見一斑，而日本女人服從的卻仍是「禮」的表面形式。據說日本和服的發明就曾考慮到讓男人方便行事，只要和服的下擺一掀起來就可以做了，和服上艷麗如櫻花招搖的顏色，也相當程度地摻雜了性挑逗的象徵儀式；反諷的是，幾年前日本女星宮澤理惠穿著丁字褲而風靡全日，這種丁字褲的設計將女體悉數開放，卻僅嚴密包裹著女體下部，實在可視為無奈於「性玩具」角色的女性一種嘲笑男人偷窺慾的方法。但想不到事隔兩年，宮澤理惠也全部開放了。

對於「強暴」這件事，日本人似乎有特別的感覺，常見日本寫真、碟片（而日本色情影片工業的龐大運作和來源的充足，也令世人驚訝）的劇情裡會聽到男人的一種說詞：「只要你敢來強的，所有的女人都會是你的。」有些影片上的女子則坦承：「我喜歡男人強暴我時的那種氣氛。」這或許說明日本傳統性愛文化裡的一個頗為重要的特徵，即使不是真的發生強暴案件，他們也會將平常的做愛安排得宛如強暴場面，大量的撕扯、肢體動作、大量的分泌物，隔著薄薄牆壁的鄰居都無法分辨真偽。所以，北齋用的章魚真的只是文人的幻想，等到動用皮鞭了，才讓你知道日本人的厲害。

性的數字學

根據道家的說法，七乘以九等於六十三，就是靈性合一的象徵數字，「易經」裡的第六十三卦「既濟」也同樣就是「功業完成」的意思，當男女合一，高潮已過，天地和諧而且萬物欣欣向榮。

中國人對數字向來存有親切和好感，或許還太親切了一點，像從前的大家樂和現在仍然流行的六合彩、樂透彩，那些人簡直就想靠數字翻身，只要心中有數字，就處處是數字，夢裡也想著這件事。

我們始終無法確定，當大家樂最盛行的時候，有沒有人連跟老伴做最做愛的事時，也可從姿勢裡激發數字的靈感，如果你僅能由此聯想到什麼「69」、「44」，那保證槓龜；事實上，古代的神秘性文化裡，也有一套有趣的「性數字」理論。

這套與性有關的數字系統裡，「9」被認為是最神奇的數字，許多解釋宇宙、人生、攝神養身的觀念都是以「9」做為基礎。而奇數通常都被認為與男性有關，偶數則指涉女性能源。此外，「1」、「3」、「7」和剛才提到的「9」是較重要的數字，這些數字互乘後得到的另一組數字，就是性學文化裡認定的神奇數字組，其中「21」、「49」、「63」和「81」更是重要。

提到「九」這個數字，中國人大概會脫口而出「九九重陽節」，這只證明你國文造詣還不錯。古代埃及宗教的九神，則是由三個一組共三組的神結合而成，最典型的一組概念就是「父－母－子」三神了。當代歐洲人表演魔術時，也會利用三或九個一組的概念，心理學家喬治．古德傑夫乾脆發明了一個圓圈裡有九個角的圖形，再藉這九個角介紹人格的九種基本型態。

「九」的神奇效應在印度教義和中國道家學派裡，也經常看得到。根據道家的說法，七乘以九等於六十三，就是靈性合一的象徵數字，「易經」裡的第六十三卦「既濟」也同樣就是「功業完成」的意思，當男女合一，高潮已過，天地和諧而且萬物欣欣向榮。在卦象裡，這一卦是代表水的「坎」和代表火的「離」結合而成，也就是三條斷線和三條直線相間，難怪中國人常把高峰經驗稱為「水火相容」，另一個解釋是「水在水應該在的地方，火在火應該在的地方，彼此相間互容，就稱為和諧。」男情女愛也同樣可以放在這個架構裡理解，當高潮經驗過後，男女方的質素應各自處在自然和諧的狀態裡，如果這時有任何足以破壞和諧的動作或外力侵入，就須特別留意。

九九相乘得到八十一，這是個陽剛的數字，中國的性學書籍裡一直提到「九」是做愛時的韻律週期，每九下就再輪一次。現代人當然不用再依循這套古法，但是古代的皇帝卻曾為這種說法吃盡苦頭。由於天子皇帝在古代被視作龍的化身，在那方面自然要表現得精進矯健，體貼的侍臣每晚要為他安排九名嬪妃，每位都要有御寵，這樣皇帝的身體才算健康，以後才會生下健康聰明的皇子。如果那一夜皇帝表現得太過力不從心，側在宮門外的家臣宦官必然相傳：「皇上身子不行了。」消息傳出皇宮，百姓奔相走告，久藏叛心的藩鎮將軍哈哈大笑，策劃謀變，忠心的部屬立刻舉兵勤王，還要派人往仙山蓬萊尋訪壯陽藥；這時，皇帝才剛睡過頭晚起，正在更衣梳洗，物色晚上的嬪妃呢。有哪一個朝代是這樣被「幹」掉的，還要有勞歷史學家考究，但恐怕這些皇帝只會落得「荒淫無度」的醜名，這才真是「人在江湖，身不由己」。

愛滋病與性文化

拜現代科技掛帥和迅速傳播之賜，「愛滋病年代」已經讓我們的身體觀、性愛態度、甚至文化價值觀，都起了發酵性的轉變。

熱熱鬧鬧展開的台北國際愛滋病學術研討會，與會學者再度揭示愛滋病傳染的嚴重和恐怖，這無疑是十九世紀「黑死病」記憶的重演，人們常用他們無法征服、治癒的病症來做時代標誌，因此，從上世紀七〇年代至今，就極為可能在歷史上被標誌為「愛滋病年代」。

從疾病史裡，我們往往讀到霍亂、黑死病、黃熱病、結核、鼠疫的襲擊，而像托瑪斯曼的《魂斷威尼斯》、《浮士德醫生》劇本、狄福的《瘟疫年代日誌》、卡繆的《瘟疫》，卻為這些傳染疾病留下了浪漫化的文學聯想。但愛滋病卻完全浪漫不起來，拜現代科技掛帥和迅速傳播之賜，「愛滋病年代」已經讓我們的身體觀、性愛態度，甚至文化價值觀，都起了發酵性的轉變。

誠如著名的美國文化評論家蘇珊．宋妲所言：「愛滋病對現代人的疾病醫藥態度、性愛觀和對災禍的看法，標誌了一個轉捩點。」首先遭受衝擊的就是性愛觀念。過去醫藥的進步使得大多數性傳染病都不再可怕，也間接促成了上世紀七〇年代時達到鼎盛的「性愛即遊戲」觀，更像是一場無須負責的性冒險。

但從上世紀七〇年代起接棒的「愛滋病時代」，卻使氾濫的「性冒險」觀大為收斂，「性」不再只是和誰發生關係而已，而更像是一條從過去傳過來的鏈子，你的性伴侶過去所有的性關係，都可能影響到你。

引用蘇珊．宋妲的話，則是這樣說的：「害怕癌症讓我們畏懼污染的環境，而愛滋病焦慮卻使我們懼怕污染的人。」愛滋病不僅助長了人們用道德的觀點來看待性愛，也添旺了「個人主義」的烈焰，例如在美國典型的助人行為「輸血」效果已經大打折扣，很多美國人不敢接受來路不明的輸血。

蘇珊．宋妲也認為，一九八一年前美國人的性行為，將被中產階級視為失去的純真歲月；當然蘇珊·宋妲也承認，這種「純真」其實只是「放縱」的裝飾品而已。像美國這樣高度消費的社會，「花錢買需要」是所有人的生活目標，美其名這就是自由精神，但愛滋病卻使美國人的自由和消費生活不得不自動設限，這簡直就是動搖國本了。

蘇珊·宋妲說：「瞭解消費的意義，和透過消費來表達自我的這種附加價值後，對某些人而言，『性愛』怎麼不會只是一種消費者的選擇，一個表現自由、無拘無束、突破限制的活動呢？而男同性戀次文化、一種純享樂、無風險的性文化的形成，也無可避免的只是資本主義文化的複製品。愛滋病年代的降臨，卻無可回復地改變了這一切。」

而從上世紀六〇年代以來的性史發展來看，歷經「性過渡」、「性摸索」和「性膨脹」階段，我們現在應該是進入「性蕭條」的早期階段。有些保守主義學者常會從「性道德的回歸」來觀察這股趨勢，但我認為如果從另一個角度，即消費主義社會的本質來瞭解籠罩愛滋病陰影的時代，也許會較清楚最近「性消費文化」工業的一些轉變，以前直接的、發生身體接觸的性消費工業面臨了衝擊，但這股需要卻促成另一套

間接的、替代性的性消費行業。

這股新興的性消費行業，包括「電話/網路性服務」（人們在電話裡或網路上製造類似濫交的情境，卻不用真槍實彈交換體液）；各種精緻的自慰用具簡直巧奪天工；在日本，還出現了購買某名女性資料的自動販賣機。連電腦業也逃不過愛滋病毒的聯想，警告使用者開機前「一定要先瞭解檔案的來源」，同時「不要點選來路不明的信件」。

事實上，對抗愛滋病的戰爭也是透過「消費社會」的模式在進行，這陣子我們都看到各種教你使用保險套的廣告，甚至還有綜藝化了的電視節目，從沒有任何一個時代，如此多量而公開地拿性愛做題目，但我們也許從來沒有想到過，這種「性」觀念轉變的趨勢，正在重塑人類的生活文化和價值觀。

全球兩性關係發展新趨勢

眺望新世紀的男女關係，兩性應該會在「安全的性」口號後，朝向「有尊嚴的性」發展，到時誰上誰下，誰前誰後都要再談、再談。

我曾經讀到一篇國外的文章，簡單的總結上世紀九〇年代世界兩性關係的發展，很有意思，想在這裡與讀者分享。

寫這篇文章的蘇珊．史華茲女士認為，一九九一年兩性間流行著溝通不良的現象，男與女除了嘴對嘴的實際接觸外，似乎沒有什麼積極的對話成績。幸喜該年十月末和十一月初，美國發生湯瑪斯性騷擾案和甘家醜聞，讓美國和其他國家的人民跟著電視媒體談論性騷擾與約會強暴，而略有波動，這種情形正有如更早的波灣戰爭。

此外，荷蘭政府決定動用政府預算推動公益廣告，教導荷蘭男人學習「性行為禮節」，這種禮節雖然隱密，卻有學習的必要。因為，即使荷蘭對性一直抱持自由態度，部分荷蘭男性承認，他們仍將某些錯誤的性觀念視為正常；例如，賣春和性開放行為過份普遍，會使某些男性以為漂亮的女人容易得手，或是用錢就買得到。但荷蘭政府有意宣揚的應該是「非教唆或非買賣的性行為禮節」，至少，不要在和老婆上床時，把老婆當成了妓女。

同樣也是關於性的事情，例如加拿大有人建議，夫妻間應可將做愛視為一種運動的選擇。也就是說，當我們慢跑、打太極拳、網球、游泳都膩了以後，做愛也是一個適當的選擇。再沒有比「做愛」這種運動更適合深夜或凌晨操練了，而「床上運動」產生的肌肉張力、控制呼吸的韻律和節奏，和打網球、足球和做體操時的身體狀況幾乎都能對應。然而，在全盤接受西方學者建議前，我仍要提醒讀者，道家希望性愛還是能有所節制，以免反效果地傷了身體，其實這個準則對所有運動都是適用的。

性事以外，另外還有幾個與兩性有關的研究發表。根據紐約一位「壓力經營」學者的報告，雙薪家庭的夫妻每天只有十五分鐘的交談時問，而且話題都環繞在養兒育女、帳單和家事等雞毛蒜皮上。

另一位心理學家則提出，女人比男人加倍地容易陷入憂傷的情緒，她們的情緒變化很大；但普遍的幸福感方面，大部份女人認為自己和男人一樣快樂。

眺望新世紀的男女關係，除非像湯瑪斯性騷擾案這種個案我們無法預測外，兩性應該會在「安全的性」口號後，朝向「有尊嚴的性」發展，到時誰上誰下，誰前誰後都要再談、再談。

近年來性觀念的轉變

二十世紀內任何一次性革命的貢獻，並非在於人們的性觀念和行為開放了多少，反而是發展了可靠的避孕法，劃分了「生孩子的性」與「純娛樂的性」。

遠在十六世紀時，英國畫家羅曼諾就雕刻過十六種做愛姿勢的版畫，再由艾瑞提諾配上詩句。這本《艾瑞提諾的姿勢》在歐洲歷久不衰，但當年卻有教會人士主張作者應上十字架，艾瑞提諾給自己的辯解是：「怎麼，我們為什麼不能談論讓我們最感快樂的事情。」

艾瑞提諾的話當然擲地有聲，而且在二十一世紀的現在已不新鮮，但只要想想上世紀五〇年代英國連出版品裡出現女性陰毛都須經過特殊處理，讓它看起來只像是一堆水藻，而一九九〇年代的台灣和日本則把暴露陰毛當禁忌，便可瞭解艾瑞提諾在性學歷史的先驅角色。難怪一九七二年英國內科醫生兼生物學家康福特出版圖文並茂的《性的歡樂》（The Joy of Sex）時，會引起如此熾熱的閱讀和討論。

近半世紀以來，世界發生了許多大事，性知識的開放與累積，性學研究更加專門深入，加上愛滋病盛行更改變了多數人對性的觀念，一九八〇年代起人們重新重視婚姻忠誠和家庭倫理，讓康福特覺得有必要出版《新的性的歡樂》版本（The New Joy of Sex），但高齡七十二歲的康福特顯然不只是個性的福音傳播者，而是重新確認了「沒有愛就沒有好的性事」（倒過來想的人不妨視為唯物論者）。

康福特曾將性知識的開放過程，比喻成共產鐵幕的洞開。但他更憂慮性觀念的開放無法跟得上「知識與性學研究」的腳步，這種觀念包括男女間對愛的定義和兩性如何在性愛方面達到平等的基礎。因此，《新的性的歡樂》雖然也談愛滋病和「安全的性」等新鮮話題，然而他的焦點顯然不僅限於前戲、性交姿勢、性的健康問題而已。

康福特說他曾問過不同的讀者《性的歡樂》一書是否能夠增進新知，或是重建他們對已知事實的信心。答案有兩種，而不同年代的讀者也有各自的心路歷程，一九九〇年代民主國家的讀者可以輕易地閱讀到描述性愛的圖片與文章，然而新世紀以來性訊息的誤導、對性愛的敵意、扭曲、嫉妒和濫用，卻不是新舊版《性的歡樂》間的二十年，或是一個英國的醫生就能顛覆改變。

康福特說：「當這本書初次出版時，人們擔心是否他們能做到書裡的某些描述情形，現在卻擔心是否他們無法做到全部的描述情形。我們實在無能為力——同樣一群人以前是因為懷著性恐懼和禁忌的心情求助專業醫生，現在找醫生的原因卻是抱怨性知識（和姿勢）太過氾濫，他們消化不良。」

性知識和訊息的撥亂反正，確實是一件人類可喜的現象。這些年的性革命和道德反彈間的拉鋸戰，康福特認為，其實只影響人們對私生活的開放或保守的程度，人們願意多講一點，公開談論哪種姿勢最易帶來快感，但真正的性行為卻並沒有改變。

康福特更進一步認為，二十世紀內任何一次性革命的貢獻並非在於人們的性觀念和行為開放了多少，反而是發展了可靠的避孕法，劃分了「生孩子的性」與「純娛樂的性」。而描述各種性行為和知識的專書，也鼓勵了千千萬萬身心正常的讀者，與另一半追求床上的歡愉。

心理分析的從業者和諮商員也從性學研究裡受益良多，他們比以前更加瞭解當事人，知道性不僅是嚴肅的人際關係問題，也同時是成人的玩具、遊戲和獎品。

新版的《性的歡樂》比舊版更加少用術語和名詞。二十世紀初的精神分析學者曾為發明各種術語而沾沾自喜，像什麼引用自希臘神話水仙傳說「自戀症」、「閹割恐懼」、「性虐待狂」、「性冷感」，但專家們現在反而較願意研究真實的行為底層和功用，太多的名詞反而是種誤導。例如，許多名詞聽起來就像是得了什麼病，讓讀者感到疑慮重重；而「女人天生就是被虐待狂」這種說法如今也頗多爭論，因為通常虐待女人的都是男人。

其實，人類都多多少少有虐待、自戀、被虐，或雙性戀的傾向，如果只是沈溺在名詞標籤裡並無甚用處，當然如果這些性格傾向已經嚴重到影響你的行為，便可做為解決和瞭解問題的指標。

另一個康福特急於糾正的性觀念，是人們總將女性視為被動（猶如樂器），而將男性視為主動的表演者，玩弄各種技巧。其實男女的性關係存在各種協奏、變奏和合奏的可能性。康福特說女性也可以是優秀的演奏家，性愛，是兩個人間的獨奏、合奏或各奏各的。

正如康福特說的：「如果你不喜歡這本書的內容或覺得不適合，那也無所謂。《性的歡樂》這本書的目的是要激發你的想像，你可以有自己的做法，然後如此去做。但是當你嘗試過自己的性幻想，你就不需要書了。性學書籍只能建議技術，鼓勵你實驗看看。」

在此建議兩種觀想性愛的法則，一是「不要做愚笨的、反社會的或危險的事」，另外一條，出自我的衷心推薦，是「不要做你不感到快樂的事」。

少女日記見性情

「性自由」絕不等同於「性放縱」，美國少女抓住這個時刻，二十歲還不到就急於享受肉體的「性自由」，整個國家終於嚐到理想敗壞的苦果。

性開放也許真是條不歸路，上個世紀的懷春少女還偶爾關心藝術、性靈和精神生活，但自從性解放運動以來，根據社會科學的研究發現，現代的少女似乎只關心「阿良今天注意到我了」、「咪咪告訴小雅說阿倫愛萱萱」這類的戀愛性話題。心理學家擔心，兩個世代青春期少女關懷面的轉變，顯示少女的「自我價值感」正在走下坡。

美國康乃爾大學社會歷史學者瓊．雅各．布倫柏格研讀最近一個半世紀以來的少女日記，才提出這個令青少女纏綿悱惻，卻令社會學者苦惱的變遷觀點。布倫柏格提到一本寫成於一八九〇年當時典型的少女日記，這位不知名的少女在日記裡談到舞蹈、數學課程，談到她策劃的蒐集標本的自然散步計劃，她和朋友分享蒐集標本的樂趣；她也寫到和一位女老師的長談。

一百年後，美國青少女日記裡（前提當然是，如果還有少女寫日記的話），看不到理性求知的活動，也沒有什麼創造性的活動帶給她們比「吸引男孩注意眼光」還要興奮的情緒了。要她們離開服裝專賣店和充滿男孩的速食店，前往郊外蒐集標本，她們會害怕自己從此變成老處女，只能與蜻蜓蝴蝶為伍。

布倫柏格認為這種現象是一個「時代的悲劇」，事實上現代女孩子能做的事和能夠從事的活動和一個世紀前扼鎖、性別嚴重歧視的環境已有如天淵之別，但青少女卻還是「越活越回去」。

其實，女孩子訴諸求偶天性的性幻想、各種吸引男孩注意的舉動，注重自己的身體意象，只會降低自尊和自我價值感，也難怪和一百年前的健康青少女比起來，現代青少女的「攝食障礙」和性傳染病等行為問題，也嚴重了許多，她們拼命減肥想要保持身材，過多的青少年性交問題，也毀了一座許諾的蘋果園。

儘管如此，布倫柏格承認，這是整個時代文化的現象，我們也不可能將放出的精靈重新塞回瓶裡。但她提醒世人，「性自由」絕不等同於「性放縱」，美國少女抓住這個時刻，二十歲還不到就急於享受肉體的「性自由」，整個國家終於嚐到理想敗壞的苦果。

布倫柏格主張「性自由」還是要以女性主義為根基，如果青少女表現出對精神生活和心靈創造性活動的興趣，整個社會（至少她自己）應該給她們較高的讚美聲，而不再只是「妳長得很漂亮」、「妳的頭髮很好看」、「妳的包包我喜歡」這類只專注容貌和物質的評價。

第八章 性學大師列傳

前仆後繼談性話——寫在性學大師列傳之前

談起性學研究的年代，我們總會認為要從金賽博士、麥斯特和瓊森夫婦起才算，了不起把二十世紀初的帕夫洛夫、佛洛依德也算進來吧。這種心態如果用性愛過程做比喻，就像還沒有經歷前戲便想達到G點。

其實，整個人類有歷史的時代就像長長的前戲，一直在處理與生俱來的「性」這項課題，吾未見好德如好色者也，好色者不談也罷，好德者也逃離不掉與「性」的糾纏周旋，顧左右而言他。

也許有人會問，談論古希臘某項早已不存的性風俗，對現代人的性學研究有何幫助？然而，只有透過全盤的性學發展歷史，我們才較能瞭解，人類探索「性本能」的整個故事，在經歷維多利亞時代（中國則始終是壓制性扭曲本能的，一個朝代換過一個朝代都是）後，二十世紀後半葉的性學發展，只能視為「性的文藝復興」。

我們應向幾千年來懷著求知精神、探索身體神秘領域而迭遭誤解、迫害的哲人致敬，那些慾火焚身、縱慾過度而夭折的君王將相、哲人騷客、販夫走卒，請他們繼續回去安息。

產生過維納斯、愛神等神話的古希臘人，可能是歷史上最能對性抱持平常心的民族，後來就每況愈下，這也許要歸功於希臘人深厚的哲學基礎。白天希臘人在澡堂和公園裡辯論哲學，晚上回家在月光下席天夢地，他們認為「性愛」是人類最愉快的經驗之一，現在我們視為「性反常」的一些行為，古希臘人都統稱為「愛」。

羅馬人的貢獻，則在於發明了一個「性病態」的字眼，定義所有性器官發生的病變。出現這類型的新字眼，說起來也是當時時代的需要，也可能間接導致羅馬帝國的滅亡。

接著登場的是中古黑暗時期，那才真是恐怖，教會簡直視「性」為洪水猛獸，信徒連讀聖經都來不及了，還有餘力談性做愛嗎？他們對性的態度幾乎已達歇斯底里，年輕男子想到「性」就得苦修；年輕女子想到「性」，……反正她也不敢告訴別人。

但這段漫長的「性黑暗」時期，和十九世紀維多利亞女王時代相比，簡直一個像「無罪開釋」，一個是「終身監禁」。畢生未嫁的維多利亞女王，也嚴格要求臣民遵守「性道德」，不僅公共場合嚴格管制出現任何與「性」有關的行為，連正常夫妻的敦倫場面，也要受到皇家的嚴密監控，一切只為傳宗接代，不能歡戲喧嘩，或發明新招式。

時至今日，我們已無法確定，到底有多少個人領域的性行為模式，受到維多利亞主義的影響，但目前極為盛行的性焦慮、恐懼和性剝削，都可以直接追溯到那個世代。

當時的性學作家遭受的挫折和壓抑，也已不是我們能夠想像的，有些作家甚至把整個生命都視為對抗性誘惑的掙扎過程，「性」與「愛」是唯一，也是全部的文學題材，給後代的啟發是，你越壓抑什麼，什麼就會特別突顯。

直到十九世紀末，才開始有些科學界人士如克來夫特艾賓（Krafft-Ebing）、哈沃洛克．艾里斯（Havelock Ellis）和佛洛依德，用理性科學的角度，不帶道德偏見地從事研究人類性行為。

由於這些科學家的理性研究出現在兩個世紀相交，使得十九世紀末的人類帶著「性解放」的歷史使命，堂堂邁進二十世紀。其實，這樣說是有點美化了，當時的社會仍然相當抗拒這些科學家的研究，直指是「肉慾的知識」（Carnal Knowledge），幸賴科學家總有固執和不隨流俗的牛脾氣，他們的研究成果啟發了更多臨床實驗和性治療理論的靈感，有時候連自己都感到不可思議。

現在說來，當時的性學研究過程，如今都已是供人回味無窮的佳話了。當初佛洛依德一直很抗拒他從精神分析裡得到「兒童性事」的發現，幸好隨後他即提出「潛意識」理論，突破研究瓶頸。

現代的進步女性也許不會相信，二十世紀前的女性一直認為自慰是邪惡的行為，她們的做愛姿勢也永遠只有男上女下的「傳教士」姿勢，因此她們一輩子從不知道「高潮」為何物的也大有人在。

一九一〇年當赫區菲德（Magnus Hirschfeld）發表「同性戀」研究報告前，同性戀者還只是被當作愛作異性打扮的怪人而已，而赫區菲德則為兩者下了明確的畫分。同樣是研究同性戀的大師哈沃洛克．艾里斯的遭遇就較不幸，他的著作曾在著名的奧斯卡．王爾德審判後被禁，罪名同樣是「傷風敗俗」。

感謝佛洛依德、艾里斯、赫區菲德還有更多性學先驅前仆後繼的耕耘，二十一世紀的我們才有機會不帶罪惡感地公開談性，才會有那麼多性學書籍擠入全球的暢銷書排行榜，傳道授業解惑，但到底對不對，只有忠實的讀者心知肚明。

二十世紀的性學研究雖然不凡，但研究「人的本身」向來變數就大，究竟何為「高潮」經驗也是人言言殊，像「更年期」、「愛滋病」、「性無能」、「如何量化高潮經驗」這些性學難題，恐怕需要跨科際研究才有望解決，或許就像上個世紀末突然人才輩出那樣，我們也必須耐心等待困惑年代的終結了。

另一個我相當感興趣的課題則是，太空時代的性愛，現在的研究還是只見眉目。如果在外太空裡生下後代，和地球上的嬰兒將會有何種成份上的差異，已經開始啟動性學研究者、優生學者和眾多科學家的關心。

我聯想到的倒是刊載在《花花公子》雜誌上的一則笑話：外星人訪問地球的科學家，請教地球人「生殖」的方式，經過一番努力解釋後，外星人仍表示不解；科學家只好跟他美麗的女助理示範一遍。外星人說：「懂是懂了，但既然十個月後才能見到成品，為何你們剛才叫得如此激烈？」

如果「性」真是地球的特色，從山頂洞人還在仰望無盡星空時，我們就寧願生為地球人。

沙德

現在性學研究裡常用的「虐待狂」（Sadism）名詞，就是為紀念十八世紀法國學者狄・沙德（De Sade），而沙德本人也曾為「性虐待」罪名入獄，真是「身體力行」。

由於具有性虐待者的傾向，沙德的著作裡鉅細靡遺地描寫各種他想得到的性變態行為的細節，當時的醫生、科學家和淑女看了都不免臉紅，紛紛指責作者。但沙德也勇敢回擊，他忠於自己的本能，只求誠實而不求成一家之言，猶如另一位勇敢的作家盧騷。

沙德曾經家族安排，娶了一位中產階級家庭的女子為妻，但也在此時爆發多樁性醜聞。有些妓女指控他在交易時從事未經協議的性虐待行為，沙德為此入獄數週。但更大的醜聞還在後頭，沙德二十六歲時，另一位妓女宣稱沙德鞭打她後，用一把小刀割她，再將熱蠟灌入傷口；還有些妓女指控沙德試圖餵她們吃一種含有劇毒的春藥「西班牙蒼蠅」。

當法庭宣判死刑前，沙德和一名共犯相偕逃亡，直到一七七六年才返回法國，但他狂歡的習性依舊未改，隔年沙德再次被捕入獄，這次他總共被關了十二年，一七八二年他在獄中寫出驚世駭俗的《教士和垂死者的對話》。結果他被轉到惡名昭彰的巴士底監獄，一七八五年他又寫了名著《索多瑪一百二十日》，由於獄方不肯供應紙張，這本書是寫在一捲長達三十九呎的紙捲上。

就在巴黎革命爆發前幾天，沙德對著獄窗大喊：「他們在屠殺犯人，趕快來救我們。」不堪其擾的獄方趕緊將他送進精神病院，讓沙德避過了巴士底獄大災難。

沙契馬叟區

沙德的名字成為「虐待狂」的符號，而沙契馬叟區（Leopold von Sacher-Masoch）的名字也因被後世性學大師克來夫特艾賓引用，成為「被虐狂」（masochism）的代名詞，「被虐狂」在邏輯上恰好是「虐待狂」的顛倒，不過他們確實是理想的性伴侶。

出生在奧匈帝國的沙契馬叟區，當初為何會有需要痛苦和被侮辱的性慾，已不可考，雖然一般都相信和他當警官的父親有關。根據他的第二任妻子回憶，沙契馬叟區狂戀皮草成癖及喜歡被處罰的習性，和他童年時愛戀姑媽蓮諾琵雅的情緒有關。據說沙契馬叟區常躲在姑媽滿是皮草的衣櫥裡，偷看姑媽和男朋友做愛，這就帶給他很大的性滿足感。

他的成年性生活，看來也像是和一堆願意虐待他的女人發生的關係，這些女人必須重演他童年的性幻想，綁住他，鞭打他（這招特別能讓他興奮起來），侮辱他（他要求她們和別的男人做愛，好讓他躲起來觀察）。

雖然閱讀沙契馬叟區著作的讀者終會發現，他的書滿是對關於穿著皮草、揮舞皮鞭的女人的性幻想禮讚，但他確實有文學天份。一八八六年他最出名的自傳體小說《皮衣裡的維納斯》出版，沙契馬叟區的聲望達到顛峰，曾受法國贈勳。也就在同一年，克來夫特艾賓出版《性變態心理》一書，首次將「虐待狂」和「被虐狂」視為同一個現象的兩極，常會存在同一個人身上。

這個主張對沙契馬叟區而言並非什麼新鮮事，就在《皮衣裡的維納斯》書中的高潮處，主角史維林就由被虐狂轉變成虐待狂。

沙契馬叟區的作品較不驚世駭俗，他也避免在小說裡寫入太多身體的細節，小說結尾時，他提供了一個「被虐狂」道德上的理由：「女人無論先天或後天，都是他的敵人。她只能是他的奴隸或暴君，但絕不會是他的同伴，除非她擁有和他一樣的權利，同樣受教育和工作。」或許就因如此，沙契馬叟區才能避開牢獄之災，但他的下場也讓人想起成為「虐待狂」代名詞的沙德，一八九五年被送進精神病院，據傳就死在病院裡。

佛洛依德

佛洛依德強調「性」對人格的重要性，無異是心理研究一次翻天覆地的革命。從此精神分析和臨床治療多少都脫離不了這個範疇。雖然西方社會曾被佛洛依德坦率的研究驚嚇到，但即使最反對的人士也不得不承認，佛洛依德為後世開啟了一扇觀心的法門。

佛洛依德於一八五六年生於捷克，四歲時舉家遷往維也納；他會選擇研究醫學，多半和他父親的堅持有關。他先是研讀精神病學，興趣慢慢地集中在「歇斯底里症」上來，當時「催眠」還是新興的技術，用來讓歇斯底里症患者吐露真情。

然而，自始至終佛洛依德都不太相信「催眠」的效應，他發展出一套「談話技術」替代「催眠」。那張出名的「精神分析的躺椅」就是這時出現的；佛洛依德會讓當事人放鬆心情躺下來，他坐在病人背後的原因則是因為害羞，不想整天被人注視著；這套「談話技術」直到一八九六年才由佛洛依德正式命名為「精神分析」，他也大量採用「自由聯想」法瞭解病人。

從「自由聯想」蒐集到的資料裡，佛洛依德發現病人通常都從他們記得的夢境開始聯想，他由此發展出人格有「原我」（Id）、「自我」（Ego）和「超我」（Superego）三型的架構，但還要再等三十年後（一九二三），佛洛依德才正式提出這個理論。

當時佛洛依德還發現，所有的歇斯底里症案例，都找得到「性」方面的原因。每個女病人都說她們在兒時曾被大人引誘、調戲或驚嚇過。正當佛洛依德就要接受一個革命性的想法——「那些女人也有過性慾感覺」時，他才又發現，很多女病人都對他說謊。

當然，佛洛依德並不為此放棄研究工作，他反而重新檢驗由他提出的理論，想瞭解為什麼所有的女病人都會提到兒時的性經驗創痛。一八八六年，他娶瑪莎・柏奈絲為妻，這段婚姻給佛洛依德帶來許多痛苦，但也讓他有機會從自己孩子身上，研究這種所謂的「兒童性誘惑」。

這同時，他也向唯一他知道會講真話的人身上找答案，那個人就是他自己。他回想自己小時候偶而看到母親換衣服時，內心的性激奮。他確信那些女病人「記」得童年性誘惑並非「謊言」而是「幻想」，由此獲得「兒童也有性慾感覺」的驚人結論，這個結論徹底推翻「兒童是天真無邪的」這種世俗意見，可想而知，當時社會幾乎群起鳴鼓攻擊佛洛依德。事實上，佛洛依德一開始也很抗拒這個由研究得來的看法，但他一旦接受了自己的理論，就再也不顧社會壓力繼續研究下去。

後來佛洛依德還主張，人類所做的事如果不是為了「保護自己」（Self-preservation），就是為了「享樂」（Pleasure-seeking），而這些追求享樂的活動，廣義來說，都跟性慾有關。

佛洛依德把這種性慾的原動力稱為「力比多」（Libido），他認為如果性慾動力受社會規範限制，無法直接發洩，就會另尋途徑表達，幸運的話，這股動力會轉到有創造性的活動上「昇華」；否則，就會侵擾生理和心理，出現種種身心症狀。

哈沃洛克・艾里斯

哈沃洛克・艾里斯（Havelock Ellis）最讓後世津津樂道的，應該就是他在一八九六年至一九二八年間出版的七冊《性心理研究》（Studies in the Psychology of Sex）。其實，艾里斯的生長背景恰是十九世紀中葉維多利亞時代的英國，嚴峻的家庭教育讓艾里斯在各種性的迷思和禁忌裡成長，艾里斯以性學留名後世，可算是物極必反。

艾里斯也和佛洛依德一樣，先從學醫起而後再轉入理論研究，幾年後他曾經寫道：「當我研讀醫學時，性的心理層面從未被提起過。」那時的醫界前輩只有在研究某些婦女疾病時，才會提到一些性的物理過程。

一八九一年，艾里斯和艾的斯・李茲結婚，這段結婚經驗讓他在三年後寫出《男與女》，這本書試圖在同性戀與異性戀間維持一個平衡的觀點。他的《性心理研究》第一冊《性倒轉》出版時，正值奧斯卡・王爾德審判事件後兩年，可想而知英國民眾一時間無法接受這樣的書，但美國某些文化圈子裡已開始流出讚美聲。

簡單說明七冊《性心理研究》的內容。這套書主要是描述性功能的生理層面，包括求愛和擇偶過程裡，觸覺、嗅覺、視覺和聽覺的重要性。他認為個人操弄的「性」不只是自慰而已，還應包括做夢在內。

艾里斯以臨床的角度討論性變態的成因時，也談到「戀物狂」和「暴露狂」等新名詞。艾里斯也可說是新名詞的發明者，現在已相當通行的「自戀症」（narcissism）和「自動性慾」（autoeroticism），都是由他創出來的。他深信愛是一種藝術，女性的性冷感就是男性不諳愛的藝術而造成的。

現實生活裡，艾里斯也是自己信念的實踐者。當他和老婆艾的斯發現彼此都有婚外情時（艾的斯是女同性戀者），協議停止性行為。當他六十多歲時妻子已死，他愛上了少他三十歲的法蘭西絲．狄莉賽，並自稱這是他生命裡第一次對性感到滿足，餘生他們都滿足地生活在一起，一直沒有結婚。

克來夫特艾賓

克來夫特艾賓（Richard von Krafft-Ebing）一輩子最重要的事就是增訂、改寫他的著作《性的心理變態》（Psychopathia Sexualis），當他在一九〇二年逝世前，總共改寫了十二版。一八八六年他在德國出版這本書時，原意只是想供醫師閱讀，所以他大量採用拉丁文，描述書裡個案的性行為細節。想不到書出版後就大為轟動，成為暢銷書。

但讀者不用因此興奮，由於克來夫特艾賓具有法庭精神醫師的身份，這本書蒐集而來的個案歷史，都得自罪犯身上。克來夫特艾賓幾乎反對，也譴責所有的性行為，他能夠在性學歷史裡佔一個位置，完全是因為他的科學研究態度，讓「性精神異常」也成為一門受尊重的學科。《性的心理變態》書裡豐富的個案研究，至今仍無人出其右，佛洛依德甚至在他的「性理論的三個歸因」裡，大量使用艾賓的個案。

艾賓另一個成就，就是他利用沙德和馬叟區的名字，製造了「虐待狂」和「被虐狂」，讓性文學裡多了兩個可供談興的字眼。

赫區菲德

和佛洛依德差不多同期的德國精神醫師赫區菲德（Magnus Hirschfeld），是少數幾個能夠同情並專門研究同性戀的專家之一。他在一八九九年創辦第一本《性的病理學》期刊，這本期刊後來刊登了許多性學史上的重要發現和討論。

赫區菲德也發明了不少新名詞。例如，他用「ipsation」形容一個人不須透過任何性幻想就可直接自慰獲得滿足；「automono sexualism」則是形容某些過度自戀的人，只有他們自己的身體才能引起性滿足感。

帕夫洛夫

以狗做為研究對象的俄國實驗心理學家帕夫洛夫（Ivan Petrovich Pavlov），曾獲一九〇四年諾貝爾醫學獎。他所以名列性學大師行列，完全是後世性學研究者引用他的理論的結果。

帕夫洛夫的研究理論稱為「制約反應」。當食物伴隨鈴聲出現時，實驗室裡的狗會流口水，等到重覆多次建立制約關係後，狗只要聽到鈴聲就會流口水。帕夫洛夫主張人類行為模式裡，「制約反應」也是個重要的關鍵。

帕夫洛夫以後的學者曾廣泛應用、擴充他的理論，「嫌惡治療」（aversion therapy）就是在這種背景下產生的，可以用來「重新制約」一些人的性偏好（「嫌惡治療」認為當你不喜歡的刺激，如被電擊，伴隨鈴聲出現時，以後你只要聽見鈴聲時就會害怕）。麥斯特和瓊森夫婦（他們已在一九九二年協議離婚）也曾應用帕夫洛夫的理論，發展出各種性治療方法，像早洩、性無能、性冷感等問題的治療，都是基於帕夫洛夫的理論。

帕夫洛夫一輩子都以狗做實驗，想不到卻造福許多寡人有疾的後世子孫。

瑪格莉特．聖格

瑪格莉特．聖格（Margaret Sanger）是美國墮胎運動之母，這項運動還曾多次在美國總統大選間形成舉足輕重的議題。「生育控制」這個名詞就是由瑪格莉特提出的，她一輩子都在為貧窮家庭和未婚媽媽的權益奮鬥。

出生於紐約的瑪格莉特，母家原姓希金絲，但她在一九〇〇年嫁給建築師威廉．聖格後才改姓，雖然後來離婚再於一九二二年嫁給別人，她仍保留了這個姓氏。當瑪格莉特生完第二個孩子後，前往曼哈頓東區較貧窮低下的地區擔任婦產科護士，就在這裡，她親眼目睹了未施行生育控制的後果——居高不下的嬰兒和產婦死亡率，和驚人的心理壓力。當一名年輕婦女因流產遭感染而死在她的懷中後，瑪格莉特就發誓要讓婦女擁有墮胎的權利。

一九一四年，瑪格莉特創辦《叛逆婦女》（The Woman Rebel）雜誌（後改稱為

《生育控制》（Birth Control Review），她另外發行了一本小冊子《家庭限制》鼓吹避孕，這項舉動觸犯一八七三年頒布的康斯托克法令（Comstock Act），瑪格莉特不僅經常被法律問題騷擾，一九一六年她開辦美國第一所生育控制診所時，還為此入獄三十天。

幸好，瑪格莉特有生之日，還能親眼目睹原先騷擾、反對她的民眾轉向支持她。一九二一年她創辦「美國生育控制聯盟」，協助她的友人中還包括赫赫有名的性學大師哈沃洛克·艾里斯。一九二七年，她在瑞士日內瓦促成首次「世界人口會議」，一九五三年還當選「國際計劃親子關係聯盟」首任總裁。

這些勝利的滋味，都比不上一九三六年康斯托克法令修改，准許由醫師給病人避孕處方。這條法令當初讓瑪格莉特身繫囹圄，如今卻依照她的觀點修正。

瑪莉·史托普

瑪格莉特·聖格為美國生育控制運動掌舵，而英國則由瑪莉·史托普（Marie

Stopes）帶頭，突破當時英國性學領域完全由男人控制的狀況，堪稱英國第一位女性運動者。

瑪莉·史托普是位成功的科學家，曾在倫敦大學學院裡演講植物化石學，她的學術成就證明即使遭到男性強烈敵視，每位女性仍有權利和能力追求事業生涯。

瑪莉·史托普結過兩次婚。第一次婚姻對她的情感和性生活都是不愉快的經驗，一九一六年離婚時，她已開始關心已婚婦女個人和性生活滿足的問題。第二任丈夫維農·洛依也鼓勵她進行這方面的探討，一九一八年瑪莉寫成《已婚的愛》和《聰明的父母》兩本書，後者專門探討避孕。

瑪莉·史托普認為，如果女性能夠自由控制生育，就能讓她們享有生子和婚姻之樂，也會更能達到自我實現和滿足感。她後面幾本著作如果不理會來自天主教團體的抗議，可說是相當成功。

一九二一年瑪莉在倫敦北區創辦英國第一所生育控制診所，隔年又成立了「建設性生育控制學會」，她更特別關心貧窮和未受教育婦女的生育權利。如果這樣說還不能讓你記住這位偉大的女性，那麼或許你會記住，現在保險套那道防止精子進入子宮頸的橫膜，就稱為「史托普的帽子」。

威汗姆・芮伊奇

在性學歷史裡，波蘭的威汗姆・芮伊奇（Wilhelm Reich）或許是對性在人類生命裡的中心位置，最一廂情願的信仰者。

一八九七年威汗姆・芮伊奇出生在波瀾與捷克交界的加里西亞一個富裕的農家裡。十四歲時，他的童年卻隨著母親自殺而結束，他將母親的死歸咎在自己身上，因為他發現母親和家庭教師的姦情，並向父親告密，他的父親也在三年後死於肺結核。後來威汗姆原想當個實用的物理學家，卻碰上第一次世界大戰爆發，他加入奧國軍隊。大戰後，威汗姆便前往維也納求職，最後進入精神醫學這一行。

其後十年，威汗姆似乎都跟隨著維也納派的精神分析主流，但一九二七年該派祖師佛洛依德親自否決威汗姆的精神分析師資格，理由是威汗姆長期以來的異端邪說。事實上，威汗姆一直是個活躍的馬克思信徒，他曾經想將他的研究建立在政治的架構裡；例如，他主張佛洛依德提出的「死亡本能」，其實是資本主義體系所造成的，難怪佛洛依德會不喜歡他！

一九三〇年威汗姆移居德國柏林，成立一個「德國無產階級性政治協會」，這個組織是為性課題尋求法律的改革。

威汗姆試圖在佛洛依德和馬克思學說間扮演溝通橋樑，強作解人，結果是兩邊都不討好。一九三三年他被趕出共產黨，隔年精神分析學會也不要他。餘生，威汗姆．芮伊奇都沒有再加入任何組織。

其實，威汗姆在某一方面可說是佛洛依德的怪異知己。當佛洛依德的弟子，如容格、阿德勒批評佛洛依德過度重視「性」的重要性，威汗姆卻反其道認為佛洛依德還沒有突顯夠「性」的重要性，在威汗姆的想法裡，性幾乎是所有文明病態的解方。

要緊的是，你要怎樣完成「真正的性」（real sex）。威汗姆在他的著作《高潮的功能》裡反覆提到，「真正的性」是一個複雜而限制極多的活動，而且只有異性戀者才能擁有，高潮也不是只要從事性行為就會有，還要計算時間和亢奮的程度。

威汗姆．芮伊奇還提出過一個「orgone energy」的概念，相當於「生命力」的意思，他主張這種能源充塞宇宙，而且能夠用人工方式捕捉。他也發明、促銷一種「organe box」，宣稱只要有人走進箱子裡，就能吸收能量，結果有些美國食品藥物管理會的人員也來湊熱鬧，發現這只是一場騙局。

一九五六年，威汗姆以詐欺罪和觸犯「食品、藥物和化妝品法規」被判刑兩年，隔年死在牢裡。

金賽

精神分析祖師佛洛依德的「性本能」學說得自他的訪談資料和自我觀察，但這種學說的科學驗證，卻完成於亞佛瑞．查理．金賽（Alfred Charles Kinsey）的手中，至今「金賽」已成為性學研究的代表詞。他蒐集、分析數以千計的正常男女性行為的統計資料，由於他的貢獻，二十世紀的性知識才得以快速累積，性學這門學科也才在這時開宗立教，讓麥斯特和瓊森等後繼者開設性治療診所。

金賽生長在傳統禮教的美國紐澤西州家庭，他的性觀念也是相當傳統的，大學時有位朋友向他坦陳受自慰之苦，金賽還要這位朋友與他一同祈禱，祈求上天賜與他停止自慰的力量。

一九二〇年自哈佛大學取得動物學博士學位後，金賽花了十七年功夫，在印第安那大學研究黃蜂，這方面也大有名氣，但要不是發生下列的事件，金賽絕不可能留名青史。

一九三七年，印第安那大學準備開設婚姻方面的課程，並交由金賽籌劃；金賽才發現當時的理論和學說，都缺乏可信的性行為和反應的統計資料，但這門課程卻交到他手中，他決定自己蒐集資料。

金賽開始以小組約談自願的當事人，應用他的動物學研究方法，然後慢慢修正訪談技術和問題。訪談過程裡，金賽發現這些當事人和學生都會問一些迫切需要的問題——婚前性行為會不會破壞日後婚姻的幸福？他們是否必須克服同性戀慾望，如果是，接下來要怎麼做？金賽將他的黃蜂標本全部捐給自然歷史博物館，他剩下的生命都用來蒐集資料，回答上述的問題。

一九四二年，校方支持金賽在學校裡成立「性研究機構」，前後有克萊德·馬丁、華德爾・波馬洛依、保羅・傑巴德博士等人加入研究行列，他們一九四八年合作寫成《男性性行為》（Sexual Behavior in the Human Male），這本報告書立刻洛陽紙貴。六年後又再出版《女性性行為》。

這兩本報告書共訪問超過五千名白人男性和五千名白人女性的個案歷史，一舉粉碎了許多錯誤的性神話。例如，報告裡提到，九十六%的男性和八十五%的女性曾經自慰，只有四%的美國男性完全沒有過同性戀念頭，三十七%至少有過一次同性戀高潮經驗。四十五歲的婦女群裡，二十八%曾有過同性戀經驗。

金賽博士的報告書引起的最大爭議，卻在於他提出「女性的多次高潮」論，愛德蒙・柏格勒博士和威廉・克勞格還寫了一本《金賽的女性性反應迷思》，認為「多次高潮」只是「那些女性自願者告訴金賽的幻想」。但金賽的報告也對八百七十九名婦女做過詳細的婦科檢驗，主張幾乎所有女性的陰道內部都沒有什麼感覺，而是陰核和陰唇才能引起亢奮和高潮，隨後麥斯特和瓊森夫婦也證實這個觀點。這兩本報告書甚至建議（在一九五三年算是很勇敢了），如果女性透過自慰練習，可以學會享受高潮。金賽報告書也提到，十一個月大的嬰孩在三十八分鐘內可以有十四次高潮。

直到今日，指責金賽報告書的聲音仍未間斷，甚至還有報導直指金賽是騙子，有些人認為金賽的受試者取樣可能有偏差，然而，金賽時代以後的其他研究，都無法推翻金賽及其同事的發現。這主要是因為金賽和佛洛依德採用訪談資料的方法不同，金賽始終相信，在採行客觀的科學研究中，即使最合作的受訪者，也無法藉著經驗回答某些問題。

金賽曾經寫道：「性亢奮是個涉及一系列物理、生理和心理轉變的物質現象，這個現象可以由客觀、精細的儀器測量，前提是如果科學足夠客觀、民眾對科學研究的敬意可以准許這種實驗觀察的話。」

麥斯特和瓊森

當金賽博士病逝於一九五六年時，麥斯特博士（Dr. William H. Masters）和他的助理維琴尼亞．瓊森（Virginia E. Johnson）正在密蘇里州的華盛頓大學展開研究工作。兩者間恰好呈現傳承的意義，日後結為夫婦的麥斯特和瓊森以金賽報告書為內容，繼續從事實驗室研究，不僅證實報告書的許多發現，也增加了我們對性經驗時身體變化的了解。

麥斯特於一九一五年出生在俄亥俄州的克里夫蘭，一九四三年他已是個卓越的醫生，那時他決定研究人類的性生理學，但是他知道自己必須在某些較不受爭議的學科方面有點成就後，才能被別人接受。隨後，麥斯特發表過幾篇有關後更年期婦女的荷爾蒙替換治療法的論文。

一九五四年他開始追隨金賽博士揭櫫的精神從事性學研究，那個精神原則就是：利用客觀的觀察支持主觀的個案歷史。麥斯特先在華盛頓大學的醫學院工作，直到一九六四年，私人基金幫助他成立「再製生物學研究基金會」為止。

早先麥斯特從事研究時，是以性工作者（包含男女性）為對象，但他立刻就知道這些人並非「典型」的美國人，他決定僱用一位女性幫忙訪談、篩選，從自願的受訪者裡找到較「典型」的樣本。他找來的這位女性就是瓊森，瓊森那時才剛離婚，正急著要找一份工作養育她的兩個小孩，她注意到麥斯特刊登的廣告，二十世紀性學最偉大的研究夥伴就這樣湊在一起了，將近二十年後他們才正式結婚，但又在一九九二年離婚。

經過篩濾，一千二百七十三名自願者裡只錄取六百九十四名，在隨後的十一年裡，這些人參與麥斯特實驗室的性活動觀察研究，其中有二百七十六對夫妻，一〇六位單身女性和三十六位單身男性。男性年齡由二十一歲至八十九歲，女性由十八歲至七十八歲。有趣的是，由女性試圖達到高潮（有沒有伴侶都算）的七千五百次實驗裡，只有一百一十八次宣告失敗，而男性的失敗率則高達六倍。

一九六六年麥斯特和瓊森出版《人類性反應》一書，不僅給金賽報告書更多客觀證據，更寫出三項爆炸性的事實：

1.男性的性反應和他的陽具大小無關。

2.無論女性的陰道如何被挑弄，都不會有高潮。

3.女性可以有多次高潮，而且不用像男人那樣在高潮後必須休息一陣才能重來。

一九五九年，麥斯特和瓊森應用他們的觀察解決人們的性問題，這就是所謂的「性治療」，他們集中研究夫妻的性冷感和性無能，開始時都要先了解這對夫妻的性歷史和互動關係。

性治療診所創辦十年後，他們宣布早洩的治癒率是九七．八%，女性性冷感治癒率是八〇．七%，男性性無能治癒率是七三．八%（有過某些性經驗的）和五九．四%（從未有過性經驗的）。早年麥斯特研究性工作者時學到的技術，他都直接用做治療，而且效果都還不錯。這些治療心得在一九七〇年出版了《人類性問題》。

智慧系列07

滾床單的性福秘密

金塊文化

企　　劃：呂政達
作　　者：梁曼
發 行 人：王志強
總 編 輯：余素珠
美術編輯：JOHN平面設計工作室

出 版 社：金塊文化事業有限公司
地　　址：新北市新莊區立信三街35巷2號12樓
電　　話：02-2276-8940
傳　　真：02-2276-3425
E-mail：nuggetsculture@yahoo.com.tw

匯款銀行：上海商業銀行 新莊分行（總行代號 011）
匯款帳號：25102000028053
戶　　名：金塊文化事業有限公司

總 經 銷：商流文化事業有限公司
電　　話：02-2228-8841
印　　刷：群鋒印刷
初版一刷：2013年6月
定　　價：新台幣240元

ISBN：978-986-89388-2-3（平裝）

國家圖書館出版品預行編目資料

滾床單的性福秘密 / 梁曼著. -- 初版. -- 新北市：
金塊文化, 2013.06
240面；15 x 21公分. -- (智慧系列；7)
ISBN 978-986-89388-2-3(平裝)
1.性知識　2.性生理
429.1　102010247

金塊文化